电网气象关联风险分析方法及应用

Correlative Risk Analysis of Power Grids and Meteorological Factors: Methods and Applications

熊小伏　王　建　著

U0214134

科　学　出　版　社

北　京

内 容 简 介

　　本书重点研究气象灾害作用下输电线路故障风险分析方法和模型,深化气象导致输电线路故障的规律认识,推进时间及环境相依的电网风险分析理论发展,提出有针对性的在线安全校核与风险防控方法。本书的研究结果,能帮助电力系统实现差异化设计,完善可靠性评价模型,开展电网运行风险评估,指导电网开展精细化运维管理。

　　全书共 10 章,第 1 章绪论,第 2 章构建气象相关的输电线路故障统计模型与模拟方法,第 3 章建立气象相关的输电线路失效差异性评价方法,第 4 章研究多气象因素组合的输电线路风险分析方法,第 5 章提出计及气象敏感类线路时变故障率的电网风险评估方法,第 6 章提出计及风速时间周期特征的风电并网系统风险评估方法,第 7 章介绍输电线路输送能力在线评估及安全校核方法,第 8 章提出大风环境下输电线路电气绝缘距离安全校核方法,第 9 章研究计及气象因素影响的电网设备检修决策方法,第 10 章是总结与研究展望。

　　本书可作为电网运维管理与风险分析的相关工程技术人员和研究生的参考书。

图书在版编目(CIP)数据

电网气象关联风险分析方法及应用 = Correlative Risk Analysis of Power Grids and Meteorological Factors: Methods and Applications /熊小伏,王建著.—北京:科学出版社,2019.10

　　ISBN 978-7-03-062406-2

　　Ⅰ.①电… Ⅱ.①熊… ②王… Ⅲ.①气象灾害－影响－电网－分析方法 Ⅳ.①TM727-34

中国版本图书馆CIP数据核字(2019)第203636号

责任编辑:范运年 / 责任校对:王萌萌
责任印制:吴兆东 / 封面设计:茗轩堂

科 学 出 版 社 出版
北京东黄城根北街 16 号
邮政编码:100717
http://www.sciencep.com

北京中石油彩色印刷有限责任公司 印刷
科学出版社发行　各地新华书店经销
*

2019 年 10 月第 一 版　开本:720×1000　1/16
2020 年 8 月第二次印刷　印张:10 3/4
字数:201 000

定价:98.00 元
(如有印装质量问题,我社负责调换)

前　言

　　气象影响着人类生活的方方面面，电力生产的各个环节也免不了受气象环境的影响。水电、风电、光伏等可再生能源发电直接由气象条件决定；电网中架空输电线路等输电设备大都暴露于户外，易受气象灾害如雷暴、冰灾、风灾、地质灾害等的袭击而发生故障；电力负荷中有相当比例的空调、采暖、灌溉等气象敏感负荷，受气温、湿度等影响而剧烈变化；日常的电网运维检修需要考虑天气状况是否适合开展作业，如此等不胜枚举。风和日丽只是一种美好的向往，雷雨交加、冰天雪地、狂风怒号……电力工程人员需要面对的远不止这些。

　　在全球气候变化的大背景下，一些区域性的极端气候事件日益加剧，联合国政府间气候变化专门委员会发布的题为《管理极端事件和灾害风险，提高气候变化适应能力》的报告指出，在过去的15年中，许多国家可能遭受过极端天气事件，一些区域性的恶劣天气、极端气候事件的强度和发生频率有增强的趋势，特别是极端风灾和冰灾。在电力系统发展过程中已经积累了丰富的气象安全保障技术，水力发电气象服务、风力发电功率预测、光伏发电功率预测、电力负荷预测，相关论文和著作汗牛充栋。而电力的发、输、变、配、用的中间环节，也就是电网，情况要更复杂。长期暴露于大气环境之中的输电设备，既要承受风、雨、冰等气象荷载而不引起结构失效，还要避免受到大气物理场不利影响而放电。电网能否安全可靠运行，与外部气象环境有密切关系。

　　广大电力工作者从微观作用机理入手，研究了不同的气象环境对输变电设备的电气绝缘、结构应力、磨损老化等的影响。例如，通过人工模拟气候室或野外观测站研究不同的环境温度、相对湿度、风速、气压、大气污染物等对导线覆冰增长、冰闪、污闪等绝缘放电的作用机理，取得了大量的研究成果。在通过认识气象的宏观作用规律来采取相关防范措施方面，目前主要是在架空输电线路规划设计时，根据沿线地区收集的气象资料进行统计分析，并结合附近已投运线路的运行经验，按"多少年一遇"的标准来考虑风速、覆冰厚度、气温和雷电等气象因素；在电网规划和运行时，按多年平均的故障率评估电网可靠性水平，作为电力系统安全和经济运行方式的调度决策依据之一。

自 1968 年别林登(Billinton)发表第一篇有关发输电系统可靠性评估的文章以来，故障率作为电力系统可靠性评估中最基本的参数，一直都主要是采用多年统计的年均值。中国现行的行业标准 DL/T 837—2012《输变电设施可靠性评价规程》中推荐的输电线路可靠性评价方法，依然统计分析的是单条线路或同一电压等级的多条线路的年均值参数，如年均值的强迫停运率等。后来有学者注意到气象因素是导致输电线路故障的主要原因，开始分状态(正常、恶劣或极端灾害)考虑气象对输电线路故障率等基本参数的影响，以便更客观地反映电网风险水平随气象条件的变化。

但多年来在气象与电网风险管理分析中，时间尺度多利用"多年平均"方法，空间尺度多利用地域经验积累，量化气象风险缺乏精细的指标参数，这种基于静态、设备级的风险分析理论与技术，还不能完全满足电力系统安全运行的需求，需要研究在线的安全校核及防控手段，完善电力系统整体风险防控体系。因此，准确认识气象对输电设备的作用的规律，精细分析时变气象环境下的电网的动态风险，充分利用气象信息做好恶劣天气下的降风险决策，已经成为电网规划设计、调度运行、运维检修和应急抢险等工作所亟需的支撑手段。

重庆大学在国内外较早开展计及气象影响的电力系统可靠性评估，熊小伏老师与其博士生导师周家启教授合作，于 2005 年在云南电网最早开展电网运行风险评估工作，认识到开展电网气象关联风险分析，必须从气象灾害作用下输电线路故障风险分析模型和方法入手，深化气象导致输电线路故障的规律认识，完善计及时变气象环境下电网风险分析理论，才能提出有针对性的在线安全校核与风险防控方法。本书是十多年来熊小伏教授指导并带领王建博士等开展电力气象风险分析与预警相关研究内容的成果总结，期望通过本书的研究结果，能帮助电力系统实现差异化设计，完善可靠性评价模型，开展电网运行风险评估，指导电网开展精细化运维管理。

全书由熊小伏教授策划和统稿，第 4 章和第 7 章主要由熊小伏教授完成，其余部分由熊小伏教授和王建博士共同完成。熊小伏教授指导的研究生翁世杰、王慰军、李磊、魏亚楠、刘松、王伟、李浩然、丁尧、陈强等参与了相关的科研工作，为本书内容做出了贡献；重庆大学电气工程学院赵渊教授、沈智健老师等提供了帮助；深圳供电局有限公司、云南电网有限公司、国网河南电力公司电力科学研究院、国网甘肃电力公司经济技术研究院等单位资助了本书的研究，周宁、李哲、梁允、于洋、程韧俐、王瑞祥、方丽华、方嵩、杨清、袁峻、张南辉、李典纹、郭德平等在合作研究中提出了许多宝贵意见和建议；输配电装备及系统安全与新技术国家重点实验室资助了本书的出版，作者在此真诚地感谢他们的支持和帮助！

　　由于作者水平有限，书中不当之处在所难免，欢迎读者给予批评指正。

作　者

2019 年 7 月于重庆大学

目　录

第1章 绪 论

1.1 背景与意义

在全球气候变化的大背景下，一些区域性的洪涝、高温、干旱、台风、雨雪冰冻等极端气候事件日益加剧。联合国政府间气候变化专门委员会（Intergovernmental Panel on Climate Change，IPCC）在 2012 年发布了题为《管理极端事件和灾害风险，提高气候变化适应能力》[1]的报告指出，在过去的 15 年中许多国家可能遭受过极端天气事件，一些区域性的恶劣天气、极端气候事件的强度和发生频率有增强的趋势，特别是极端风灾和冰灾。中国的东部位于东亚季风区，是世界上受气象灾害影响最严重的地区之一。中国的气象灾害呈现出灾害类型多、灾害强度大、发生频率高、危害程度重等特点，且伴有年际和区域群发性特征的极端天气事件正在加剧[2]。

电网多年运行经验表明，架空输电线路等输变电设备长期暴露于大气环境之中，易受气象灾害如雷暴、冰灾、风灾、地质灾害等的袭击而发生故障，电网能否安全可靠运行与外部气象环境有密切关系。国际大电网委员会(CIGRE)的相关工作组报告[3]指出：恶劣天气事件导致的杆塔结构和电气失效是影响架空输电线路安全运行的最主要原因。中国电力可靠性管理中心类似的统计数据[4,5]显示，自然灾害、气象因素是造成中国电网架空输电线路非计划停运的主要原因，2008 年的冰灾导致了电网大面积停电，而在 2011 年自然灾害、气象因素导致的 220～500kV 架空输电线路非计划停运占到了非计划停运总次数的 84.36%。大风、雷电、冰灾等极端气象灾害在短时间内会造成多条输电线路故障，加上电网潮流转移诱发继电保护装置非期望动作，会加速线路连锁跳闸，甚至引发大面积停电事故。据统计，随着电网规模的不断扩大、灾害性天气发生密度和强度的逐年上升，2009～2013 年全球范围内因气象原因造成的电网故障事件中，影响规模超过 10 万人次的就多达 28 次，占电网大面积停电事故总量的 56%[6]。

中国的能源分布有很强的地域特点，能源富集区域往往远离电力负荷中心，对超高压、特高压跨区输电的需求迅猛增加，在"一带一路""能源互联网"背景下，长距离输电线路日益增多，复杂气象环境影响下的输电安全问题愈发突出。认识和掌握气象对电网的影响规律，分析气象灾害导致的电网风险，减轻气象灾害对电网的威胁，从而保障电网安全可靠运行，这是电力系统亟需解决的关键问题之一。

在电力系统发展过程中，已经积累了丰富的气象安全保障技术。从微观作用机理入手，研究了不同的气象环境对输变电设备的电气绝缘、结构应力、磨损老化等的影响。例如，通过人工模拟气候室或野外观测站，研究不同的环境温度、相对湿度、风速、气压、大气污染物等对导线覆冰增长、冰闪、污闪等绝缘放电的作用机理，取得了大量的研究成果[7]。有研究表明，外部气象条件的变化必然影响着每一个个体，受动力学支配的单个客体的行为只能在一定范围内偏离总的方向，且它们在总体上仍表现出统计的必然性[8]。因此，从宏观统计的角度出发，研究并掌握气象对输电线路作用规律也是十分必要的。

关于通过认识气象的宏观作用规律来采取相关防范措施方面，目前主要是在架空输电线路规划设计时，根据沿线地区收集的气象资料进行统计分析，并结合附近已投运线路的运行经验，按"多少年一遇"的标准来考虑风速、覆冰厚度、气温和雷电等气象因素[9,10]。例如，按照中国现行国家标准 GB 50545—2010《110~750kV 架空输电线路设计规范》[11]和 GB 50665—2011《1000kV 架空输电线路设计规范》[12]，110~220kV 线路的气象条件重现期一般为 30 年，500~750kV 线路的气象条件重现期一般为 50 年，1000kV 线路的气象条件重现期为 100 年，其中设计基本风速是根据重现期内收集到的年最大风速，按照极值 I 型分布的概率模型，以及同冰荷载等气象条件组合来计算和校核结构荷载、最大风偏角等。

按"多少年一遇"的标准进行设计的观点，其缺陷是将极端气候事件视作统计学意义上的小概率事件，而在线路设计与校核时被忽略掉，如 IPCC 预估的那样，未来极端气候发生的频率和强度将明显增加，50 年一遇甚至 100 年一遇的气象灾害发生和影响的区域将会增多，这种高风险、小概率事件也应该予以充分的认识和应对[13]。长距离输电走廊经过一些特殊地形和微气象区域在所难免，这种差异化的设计是否被充分考虑到，对输电线路投运后的性能也有很大影响。输电线路设计气象条件是按历史情况，建成投运后的输电线路面临的是动态变化的气象环境，恶劣气象条件也会对输电线路造成累积作用，例如温度、日照的逐渐累积和不可逆过程导致线路绝缘劣化，阵风的反复作用导致金具磨损等，当累积作用到一定程度后，可能不是极端的气象条件也会造成线路故障。因此，以往基于静态、设备级的安全防护理论与技术，还不能完全满足电力系统安全运行的需求，需要研究在线的安全校核及防控手段，完善电力系统整体风险防控体系。

因此，准确认识气象对输电设备的作用的规律，精细分析时变气象环境下电网的动态风险，充分利用气象信息做好恶劣天气下的降风险决策，已经成为电网规划设计、调度运行、运维检修和应急抢险等工作所亟需的支撑手段。本书重点研究气象灾害作用下输电线路故障风险分析方法和模型，深化气象导致输电线路故障的规律认识，推进时间及环境相依的电网风险分析理论发展，提出有针对性的在线安全校核与风险防控方法。期望通过本书的研究结果，能帮助电力系统实现差异化设计，完善可靠性评价模型，开展电网运行风险评估，指导电网开展精细化运维管理。

1.2 气象对电网的影响

随着电力行业的快速发展、已建及在建电网规模的不断扩大，电网跨越的复杂气象环境区域也越来越多，气象对电力各个环节的影响应当且正在逐渐受到电力企业的高度关注。

气象因素与电力生产息息相关。随着化石能源枯竭、环境污染及气候变化等问题的日益突出，对风、光、水电等可再生能源的开发和利用逐渐受到了全世界的重视。截至 2016 年底，中国风电产业新增装机容量为 2333 万 kW，贡献了全球新增装机量的 42.7%，累计装机容量达到了 16869 万 kW，中国风电的新增装机容量和累计装机容量均位居世界第一[14]。在光伏发电方面，截至2016 年底，我国光伏发电新增装机容量 3454 万 kW，累计装机容量 7742 万 kW，新增和累计装机容量均为全球第一[15]。然而，这些可再生能源发电的发电原理也决定了它们在很大程度上会受到风速、光照、降水等气象因素的影响，特别是对于风电和光伏发电，随着越来越多大型的风电场及光伏电站接入电网，它们对电力系统的影响成为了研究的热点问题之一[16,17]，由此带来的电能消纳问题也会引起"弃风""弃光"现象，汛期降水过多同样也会导致水电站的"弃水"现象。

恶劣气象条件或气象灾害往往是输电系统安全运行面临的最主要威胁。输电线路大多暴露在大气环境中，难免会受到各种气象灾害的影响，由于资源富集区域与电力负荷中心之间呈现逆向分布[18]，通常要采取超/特高压长距离输电的方式传输电能，受气象因素的影响也更为复杂。而对于大型的送电通道，通道中往往存在多条输电线路，如果发生较严重的气象灾害，会使多条输电线路同时跳闸，进而导致严重的后果。

　　电力负荷受气象要素、经济发展、工业生产、人们的生活水平等多种要素综合影响。随着人们生活水平的提高，大功率、高耗能的家用电器普及率和利用率也逐年上升，负荷中受气象要素影响的部分越来越大，这部分负荷被称为气象敏感性负荷，俗称为空调负荷。季节性的温度、降雨变化会导致气象敏感负荷的明显同步性变化，例如采暖负荷、降温负荷、灌溉负荷等。2012 年 7 月 30 日发生的印度大停电事故，其原因之一就是受季风、气温的影响，灌溉和空调负荷急剧上升加重了电网负担[19]。

　　可见，气象因素对电力各个环节均有着不同程度的影响，下面分别从气象因素对发电部分、输电部分，以及电力负荷的影响三方面进行综述。

1.2.1　气象对发电部分的影响

　　1) 气象与风力发电

　　风速对风电机组出力有着最为直接的影响。根据贝兹理论，风速的大小会直接影响到风力机输出的机械功率，进而影响到发电机输出的电功率。当风速位于切入风速和额定风速之间时，风电机组处于降额输出功率状态，机组的输出功率是风速的二次函数[20]。除风速外，气温和气压也是影响风电机组出力的两个重要气象因素。运行经验和已有研究均表明，低温会使空气密度增大，这会造成风电机组特别是失速型机组的出力增大从而引发过载现象；在相同气温下，空气密度和气压成正比，因此气压的降低会使空气密度降低，进而降低风电机组的出力。例如，相同参数的风机叶轮在同一风速下，气压相对较低的西藏地区只能获得内地平原地区最大功率的 2/3 左右[21]。

　　目前，气象信息也被广泛应用于风电场的风功率预测服务中。国家能源局在发布的《风电场功率预测预报管理暂行办法》中将风电功率预报分为日预报和实时预报两类。即根据高分辨率、高精度的数值天气预报结果，采用物理方法和统计方法建立各种气象要素预报值与风机实际输出功率间的物理模型和非线性统计预报模型，从而预报出未来某一时段 15min 一次的风电场输出功率。风电功率日预报采用至少半年的历史数值天气预报和风电场风机运行 SCADA (supervisory control and data acquisition) 历史数据，采用单机法进行统计建模，准确描述风机之间的尾流影响效应和风机输出功率的时间变化特征，预报得到未来 24h 每 15min 一次的风电场输出功率。实时风电功率预报主要采用统计外推方法，基于实时中尺度天气预报模式结果，实现 0~4h 的风电输出功率预测，其时间分辨率不小于 15min，每 15min 自动预测一次，自动滚动执行[22]。

2) 气象与光伏发电

与风电机组不同，光伏发电模块的架设高度和工作特性使光伏发电遭受恶劣气象冲击的影响较小，气象因素主要对光伏发电出力产生影响，且这种影响主要体现在太阳辐射和太阳能电池效率两方面。影响光伏电站发电出力的主要气象因素有太阳辐射、日照时间、温度、云量以及相对湿度等，其中太阳辐射、温度对光伏出力的影响较大。

光伏发电功率与太阳辐射的变化趋势几乎是同步的，太阳辐射越强，光伏发电功率越大。从光伏电站发电量与太阳总辐射全年变化看，夏季发电量和太阳总辐射量最高，春、秋两季次之，冬季发电量和太阳总辐射量最低，这是由于太阳相对位置的变化造成了太阳辐射的季节性变化[23,24]。已有研究也表明，冬季发电量对太阳总辐射的响应最强，太阳总辐射每升高 $1MJ/m^2$，光伏发电量将提高 $3.2kW·h$；春、秋两季次之，均为 $2.8kW·h$；夏季最低，为 $2.3kW·h$。

可以将太阳辐射的影响细分为云量、日照时间、相对湿度、大气能见度等方面。云量是表明整个天空被遮蔽程度的因子。云量的增加或减少会引起地面太阳辐射的减少或增加，日发电量与云量基本呈负相关关系，即云量越大，发电量越小。光伏发电各月发电量与日照时间呈正相关，即日照时间越长，发电量越大。每年 7 月发电量最多，其日照时数也最大，而 1 月发电量最少，其日照时数也最少。相对湿度是表征大气中水汽特征的指标。水汽含量的增加会使太阳辐射中散射及反射部分增加，从而削弱到达地面的太阳辐射。随着相对湿度增大，光伏发电量呈减小趋势，发电量较大时相对湿度大多分布在 $40\%\sim70\%$[25]。能见度是反应大气透明度的一个指标。大气能见度通过影响到达地面的太阳辐射来影响光伏电站发电量。能见度越低，说明大气中气溶胶越多，到达地面的太阳辐射越少，引起发电量减小。发电量较大值一般出现于能见度大于 15km 的情况下，此时大气中颗粒物较少，太阳辐射穿透大气达到地面的减损较小。

3) 气象与水力发电

气象对水力发电的影响，降水是最直接的影响因素。降水会直接影响流域的径流量，进而影响到下游水电站的入库水量以及水电站的出力；水电站多建在山区，由于长时间的降水或者短时、高强度的暴雨，加上山地的阻塞作用使这些降水难以排泄，极易导致洪水，所以降水对水电站发电调度和防洪调度有着不容忽视的影响。目前，已开展的水电气象服务的主要内容是为水电站提供长、中、短期和短时坝区及流域面雨量服务[26]。在水电勘测设计期，气象服务主要面向勘测设计院和水电站筹建处，服务内容主要包括气候背景分析、气候变化评估等。在水电施工建设期，气象服务主要面向施工方，服务内容包括短、中、长期的天气预测，汛期来水量预测，以及短时强对流天气预警等。在水电发电运营期，气象服务主要面向电站水调中心，服务内容包括短、中、长期降水预测，年度气候总体评价，汛期重大过程来水预测，以及人工增水服务等。从服务内容上来看，目前，水电气象业务主要包括水电天气气候业务、水电气候变化及生态气象业务、水电人工影响天气与防雷减灾业务等方面。气象服务的本质可以概括为"安全度汛中提供雨情和测报信息，施工建设中提供流域与现场综合气象保障服务，电厂发电中提供水资源预测预警信息"，气象服务对于水电站的建设和运行具有十分重要的积极作用[26,27]。

1.2.2　气象对输电部分的影响

输电线路大多暴露在大气环境中，难免会受到各种气象条件的影响。尤其是我国能源富集区和负荷消费中心呈逆向分布的特征，通常要采取超/特高压、长距离输电的方式传输电能，受气象因素的影响也更为复杂。而对于大型的送电通道，通道中往往存在多条输电线路，如果发生较严重的气象灾害，会使多条线路同时跳闸，进而导致严重的后果。而且极端气象条件在短时间内就会使输电线路发生故障，再加上潮流转移、保护装置故障等因素，甚至会导致更严重的后果[28]。下面分别对雷电、风灾、冰灾等气象灾害对输电线路造成的影响进行总结。

1) 雷电

有统计表明，2013 年导致国家电网公司 66kV 及以上交直流输电线路故障跳闸的原因中，雷击占到了 46.3%[29]。对于架空输电线路，雷电带来的危害主要是过电压，这些过电压会造成绝缘子闪络，使导线对地短路，而且形成的雷电过电压波也会侵入到变电站，对相应的电气设备造成危害。除此之外，雷电带来的强大的电动力效应和热效应，也会造成杆塔、避雷针等的损坏。

在不同的时间、空间、电压等级等因素下，雷击跳闸也具有不同的特点。从季节上看，春、夏季雷电活动相对频繁，也是雷击跳闸的高发期；从年份上看，雷电活动的年份也具有周期性强、弱的特点。从地区上看，华中、华东地区是典型的亚热带季风气候地区，且山地丘陵地形较多，雷电活动也更频繁；从杆塔位置上看，对于水库附近突出山顶上的杆塔、某一区段的高位杆塔、跨越江河的大跨越杆塔，更容易遭受雷击，同时杆塔接地电阻高的地方也容易遭受雷击。从线路等级上看，相比于 500kV 和 330kV 线路，110kV 和 220kV 线路耐雷击性能较低，且条数多、长度长，因此更容易遭受雷击。相关计算和经验表明，对于 110~220kV 线路，直击雷中的反击和绕击均是危险的；而对于电压等级更高的超高压输电线路，绕击则是造成雷击跳闸的主要原因[30]。

2) 风灾

另一种对输电线路安全危害极大的气象灾害就是风灾。全球多地的输电线路都面临着强风灾害的威胁，而中国又是遭受风灾最严重的地区之一。根据电网的统计数据显示，风灾对输电线路安全运行的影响表现为：一是大风导致输电杆塔损坏，如吹掉导线、吹断横担、甚至吹倒杆塔；二是大风时对导线造成影响，如导线振动、风偏放电等[31]。

在强风或飑线风的作用下，绝缘子串向杆塔方向倾斜，减小了导线与塔身的空气间隙，当空气间隙距离不能满足绝缘强度要求时就会发生风偏放电，造成线路跳闸[32]。与雷电等其他气象灾害引起的跳闸相比，只要风力不减弱，风偏放电会持续反复发生，因此，风偏放电引起的线路跳闸后重合闸成功率较低，严重影响输电网安全运行[33]。例如，中国广东沿海某 220kV 输电线路在 2012 年 12 月 29 日、30 日两天内共发生了 17 次风偏放电跳闸，新疆电网某 220kV 线路在 2013 年 3 月 8 日发生了 6 次风偏放电跳闸。

另一种形式的风灾就是台风。中国是遭受台风影响最严重的地区之一，平均每年登陆中国的台风多达六七个[34]。对电网而言，台风轻则造成线路剧烈摆动而对杆塔放电，重则严重损毁电力设施，使得恢复供电时间大大延迟[35]。例如，2012 年 7 月 24 日，受台风"韦森特"影响，深圳岭深乙线发生了 4 次跳闸；2012 年 10 月 24~26 日飓风"桑迪"袭击了古巴、多米尼加、牙买加、巴哈马、海地等地，导致大量财产损失和人员伤亡，之后于 10 月 29 日晚在美国新泽西州登陆，给当地电网造成重创，灾害最严重时导致 800 多万人受到停电影响。

3) 覆冰

覆冰也是气象对输电线路的主要影响因素之一。覆冰从形成上通常可分为雨凇、雾凇、混合凇、积雪、白霜五大类[36]。影响导线覆冰的因素包括气象、地形、导线特性、电场强度及负荷电流等方面，其中气象因素包括温度、湿度、冷暖空气对流、风等。通过对我国输电线路各类冰灾事故分析，覆冰对输电线路造成的不利影响主要有：线路结构过荷载，不均匀覆冰或不同期脱冰导致的张力差，绝缘子串冰闪，导线舞动。

当线路覆冰发展到一定的体积和重量，或覆冰厚度超过设计抗冰厚度，此时输电导线重量增大，弧垂也将增大，导线对地间距将减小而可能引发闪络事故；同时覆冰达到一定程度，也可能引起导线从压接管内抽出、金具断裂，杆塔倒塌、基础下沉，以及绝缘子串翻转、炸裂等事故[37]。绝缘子在严重覆冰的情况下，大量伞形冰凌桥接，绝缘强度降低，泄漏距离缩短。融冰过程中，冰体或者冰晶体表面水膜很快溶解污秽中的电解质，引起绝缘子串电压分布及单片绝缘子表面电压分布的畸变，从而降低了覆冰绝缘子串的闪络电压。融冰时期通常伴有的大雾，使大气中的污秽微粒进入冰融水，进一步增加冰水导电率，形成冰闪[38]。

同时，在冰风暴的作用下输电线路容易发生覆冰舞动。中国是舞动频发的国家之一，存在一条从东北的吉林到中部的河南再到湖南的舞动频发地带[39]。在冬季由于特殊的低温、高湿、毛毛雨气象条件，加上平原开阔地或垭口的阵风，造成这一区域内的输电线路很容易发生覆冰舞动。根据运行经验，东北的辽宁、中部的河南和湖北是中国覆冰舞动最严重的地区[40]。例如，2008～2012 年，河南电网共发生了 7 次导线舞动事故(单次舞动事故涉及一个时间段的多个地区和多条线路)，其中有 4 次是大范围的导线舞动，对河南电网安全运行造成重大影响。

4) 山火

近年来，随着山区水电资源的不断开发，水电外送通道大都翻山越岭且多穿越森林覆盖区域，这些区域独特的地形条件和气候因素很容易引起山林火灾，从而导致架空输电线路故障跳闸。因山火造成的线路故障对电网安全运行的影响极大，其主要表现在：①因山区地势原因，同一送电通道的两回或者多回线路常同塔架设，一旦发生山火可能造成同一送电通道的多回线路同时跳闸，导致大量水电不能送出，影响电网安全稳定；②由于山火烟雾导致的闪络跳闸重合闸成功率较低，需要等到火势得到控制、烟雾散开之后才能强送，因此线路强迫停运时间较长。

关于山火引发线路故障的机理[41,42]，一般认为是山火发生后，熊熊燃烧的大火产生的热气流会向上窜动，一些导电物质也会跟随热气流往上运动，而热游离的气流在上升过程中会逐渐去游离，在导线和大地之间产生大量的电荷，导致导线与大地之间或者各相之间的空气间隙不满足工频电压闪络的最小距离要求，造成空气间隙击穿，引起线路闪络跳闸。

在中国因山火造成输电线路故障跳闸的报道屡见不鲜，湖南电网 2009 年

2 月和 4 月发生了 13 次因山火引发的线路跳闸事故,其中 500kV 线路跳闸 5 次,220kV 线路跳闸 8 次[43]。2009～2012 年,云南省遭受持续三年的干旱影响,频繁发生的山火灾害严重威胁到云南电网输电线路的安全运行,主要输电通道周边发现火情 230 余次,山火导致 220kV 及以上线路故障跳闸 156 条次,特别是 2012 年 3 月 30 日 500kV 宝七Ⅰ、Ⅱ回线因山火引发跳闸,构成了三级电力安全事件[44]。

5) 污闪

绝缘子的污闪是对电力系统影响范围较大,且比较频繁的事故。绝缘子污闪可以概括为四个阶段:绝缘子表面染污,绝缘子表面污层湿润,形成局部电弧,局部电弧发展贯穿两极;其中第二个阶段受气象条件影响最大[45]。长期运行经验表明,雾、露、毛毛雨等天气最容易引起绝缘子污闪,其中雾的影响最大。这些气象条件可以使污层充分湿润,使其中的电解质溶解,同时又不致使污层被冲洗掉,此时绝缘子表面形成导电膜使闪络电压降低,再经过其余的阶段最终形成污闪。除此之外,风也会对绝缘子表面积污产生影响,而且雨夹雪、融雪融冰等天气也会造成闪络。

6) 地质灾害

地质灾害的类型可以分为:滑坡、泥石流、塌陷、沉降以及地震等。长距离送电通道的超、特高压输电线路,经常会翻越崇山峻岭、跨越大江大河;地形地貌差异、地质构造差异、水文地质差异、气候特征差异等特点,决定了电力线路工程地质灾害风险分析与评估的特殊性[46]。此外,地震发生时常给区域电网造成严重破坏,同时导致震区多条输电线路跳闸,更有甚者会永久性损坏输电设施,严重时还可能导致大电网解列运行[47]。地震引起的输电线路损坏形式有绝缘子掉串、线路断线、杆塔倒塌等。地震也容易造成区域性供电中断,引起厂站设备损坏甚至导致厂站全停,引起通信故障甚至通信瘫痪,还可能影响到能量管理系统(energy management system,EMS)的正常运行。

7) 其他恶劣天气

对电网运行可能造成影响的其他恶劣天气包括:冰雹、高温、霜冻等。冰雹常与雷暴、大风等一起发生,冰雹可能砸坏户外电气设备,冰雹和大风共同作用砸倒树木也可能会挂断线路。高温对电网的影响一是造成用电负荷猛增,使得电网容量不能满足尖峰负荷需求;二是高温不利于线路散热,加之电流增大使线路发热增加,进而引起导线弧垂增大,会加速线路老化,影响线路寿命,甚至有可能因为弧垂过大造成线路跳闸[48]。霜冻主要会造成输电线路及绝缘子串覆冰。

1.2.3　气象对电力负荷的影响

天气的变化对电力系统的气象敏感负荷会产生很大影响。例如,夏季由于温度较高,空调等制冷设备的大量使用也增加了用电量;同理,冬季各种取暖设备的使用,也增加了用电量。气象敏感负荷的变动对负荷模式变化的影响十分显著,而气象因素依据其特性又分为几类,其中以气温的波动变化最为显著,大幅度的温度变动有时甚至会导致电网大规模的修正机组投运计划。此外,湿度是除气温之外的另一个重要的气象因素,特别是在湿度较大的区域,其形式与温度类似。其他与负荷特性有关的气象因素还有:气压、风速、云遮或日照强度等[49]。

气温的升降对空调、风扇、电暖等升降温负荷有重要影响,所以只要安装了这类调温电器的地区都将受到气温变化的影响。另外,高温时段,气温将对农林牧渔服务业排灌溉产生影响,但目前农村电动抽水工具应用较少,由此引起的负荷波动不是特别明显。由于天气变化大,负荷大幅波动,造成负荷预测的难度加大,特别是气温突变很可能导致夏季负荷预测准确率降低。

湿度是另一种可以影响电网负荷的气象因素,特别是在高温、高湿的区域,其形式同温度相似。其中,降水量对湿度的影响较为显著,若降水量增多,水电资源丰富的西南地区小型水电站发电量会增加,春季的降水减小了农田灌溉用电,夏季的降水降低了气温,也降低了空调用电负荷,而冬季的降水带来的降温会使负荷增加[50]。

我国城乡用电负荷差别大,农村地区空调负荷所占比重较小,气温对负荷及负荷特性的影响不明显。现阶段气温对负荷特性影响主要体现在大中城市。另外,我国地域辽阔,不同地区气温对负荷及负荷特性的影响程度也有较大差异。因此,电力系统各级调度部门在进行负荷预测、编排日发电计划时,都会将气象信息考虑进来。同时,气象部门也专门为调度部门提供了更加精细化的气象预报信息,用于进行负荷预测。

1.3　输电线路故障失效模型研究现状

输电线路风险分析与评估是深入掌握输电线路在电网中运行状况的主要手段,是电网规划设计、设备制造、安装调试、生产运行、检修维护、生产管理等环节综合水平的度量。对输电线路进行风险评估，主要有三大类方法：一是对线路长期运行记录的可靠性数据进行数理统计分析后得到其估计值，即统计分析；二是通过结构可靠性建模，模拟分析线路在不同荷载下因劳损、老化造成的失效，即模拟分析；三是通过获取外部的运行环境信息，如天气预报、气象灾害预警等信息，结合线路的设计和运行参数，预测未来短期的风险水平，即预测评估[51]。

1.3.1　统计分析现状

自 1968 年别林登发表第一篇有关发输电系统可靠性评估的文章[52]以来，故障率作为电力系统可靠性评估中最基本的参数，一直都主要是采用其多年统计的年均值。中国现行的行业标准 DL/T 837—2012《输变电设施可靠性评价规程》[53]中推荐的输电线路可靠性评价方法，依然统计分析的是单条线路或同一电压等级的多条线路的年均值参数，如年均值的强迫停运率等。

后来有学者注意到，气象因素是导致输电线路故障的主要原因，并分状态考虑气象对线路故障率等基本参数的影响，以便更客观地反映电网可靠性水平随气象条件的变化。其中主要采用的天气模型包括以下两种。

(1)两态天气模型。别林登和阿伦等假设设备在两种气象条件下的故障率和修复率都是常数，提出了正常天气和恶劣天气的两态模型[52,54]。该模型将气象条件分为正常和恶劣两种情况，对线路故障率几乎无影响的视为正常天气，对线路故障率影响大的视为恶劣天气(如暴风、雷雨、冰雪等)。文献[55]基于两态天气模型建立了可靠性评估模型，提出了在恶劣天气条件下设备能维修和不能维修两种情况下电网可靠性指标的分析方法，并给出了在这两种情况下可靠性原始参数的计算公式，并对恶劣天气占不同比例时可靠性指标的误差进行了分析。

(2)三态、多态天气模型。文献[56]在两态天气模型的基础上，进一步提出了三态天气模型，即正常天气、恶劣天气和灾害性天气。接着运用实例对比了单态、两态和三态天气模型得出的可靠性指标，结论显示：天气模型分类越细致，得出的可靠性指标越精确[57]。文献[58]提出了多态天气下设备可靠性参数修正模型，并在三态天气模型可靠性评估的基础上，运用联系数处理故障率和天气情况的不确定性，根据联系数运算法则进行输电系统可靠性评估，得到具有联系数形式的可靠性指标。

分两状态或者分多状态考虑的天气模型，对天气状态的定义比较模糊，不便统计分析。如 DL/T 861—2004《电力可靠性基本名词术语》[59]中将三态天气定义为：①正常天气——不属于恶劣天气和灾害天气的全部天气条件；②恶劣天气——引起暴露的元件异常高的强迫停运率的一种天气条件；③灾害天气——引起元件超出设计标准限值(临界值)而产生后果为元件的严重机械损害、超出规定的百分比的用户停电或超出规定的恢复供电时间的天气条件。各天气状态下的输电线路失效率模型是以年均统计线路失效率，乘以一比例系数而来，其仍然是年均统计值，未能充分体现线路失效的时间及气象环境相关性。

文献[60]和[61]在两状态天气模型的基础上，采用模糊数学的方法建立了在不同天气模型以及不同地区划分情况下输电线路停运率、修复率的模糊模型；文献[62]和[63]采用统计回归的方法分析了飓风对线路故障停运的影响；文献[64]采用模糊聚类方法评估飓风天气影响下的输电线路故障率；文献[65]通过模拟美国东北部地区一年内飓风发生的次数、强度、持续时间等参数，然后按危险风速进行故障率二态划分，进而评估配电网在一年内受飓风影响的风险水平。

此外，针对输电线路故障特征的时空分布规律，已有少量文献进行了统计分析，如文献[66]对北京电网1990~2009年的电网故障记录进行了分类筛选和统计分析，研究了与气象相关的电网故障月分布特征；文献[67]利用1983~2008年河北省灾情直报数据，分析了大风对河北电网设施损毁的时空分布规律，指出故障逐月分布呈现明显的单峰特性，6~8月为主要的故障高峰期；文献[68]分析了中国南方某地区电网跳闸事件的时间分布特征，指出故障集中发生在4~9月，与当地的雷电天气时间分布(4~9月)、暴雨天气时间分布(5~9月)、台风天气时间分布(4~10月)具有明显的同步相关性。然而，前述研究成果虽然揭示了电网故障与气象灾害之间的关联关系，但尚缺乏气象导致输电线路故障时间分布规律的数学描述。

1.3.2　模拟分析现状

模拟分析方面，主要是从输电线路杆塔的结构可靠性方面进行建模，分析导线或杆塔的风险水平。文献[69]通过现场收集大量实测风数据，对比分析了风引起的塔基荷载与规程计算的差异，指出实测值与规程推荐方法的计算结果大体一致；文献[70]分析了龙卷风作用下拉线塔输电线路的动态特性，指出现有设计规程对龙卷等快速变化的风作用下峰值荷载计算不适用；文献[71]对比研究了一般稳定边界层大风与下击暴流作用下输电线路的动态响应特性，指出下击暴流作用下输电线路的峰值荷载比稳定边界层大风高一个量级，暴流上下游荷载严重不平衡，需要在线路设计时予以充分考虑。文献[72]给出了输电杆塔在大气环境荷载作用下导致疲劳损伤与破坏的可靠度分析方法；文献[73]通过构建塔-线体系精细化有限元模型，分析了线路在覆冰与风荷载下的可靠性。文献[74]提出了基于极限承载力分析的覆冰输电塔可靠性评估方法；文献[75]建立了计及地形因素的分时段冰荷载模型和考虑覆冰影响的分时段风荷载模型，并形成冰冻灾害线路可靠性综合模型。以上方法主要针对的是输电线路的物理失效，而对于失效比例极高的电气失效，如雷击、风偏放电、污闪、冰闪等，上述方法不具有适用性。

1.3.3 预测评估现状

预测评估方面，文献[76]建立了用于预测配电网停电事件的灾害模型，该方法首先构建停电次数与不同类型灾害之间的拟合经验函数，然后对正在发生的灾害，预测配电网线路及设备的停运规模。文献[77]建立了降水量、最高温度、最低温度与线路故障率的线性回归、指数回归、线性多元回归以及神经网络关联模型，用于预测植物生长导致的线路故障率。文献[78]采用支持矢量机与灰色预测技术，依据线路设施投运时间、线路所在地区的污秽程度与落雷密度，建立了输电线路运行可靠性预测模型。文献[79]基于灰色模糊理论，构建了计及不同气象因素和气象灾害级别的输电线路故障率模型，用于分析多种气象条件组合作用下的输电线路运行风险。文献[80]建立了冰风荷载下输电线路时间相依故障率模型，采用模糊数学方法预测输电线路的短期运行风险。文献[81]提出了冰、风荷载共同作用下基于极端学习机(extreme learning machine，ELM)和 Copula 函数的输电线断线倒塔概率预测模型；文献[82]建立了冰风荷载共同作用下基于广义帕累托分布(generalized Pareto distribution，GPD)与 Copula 函数的输电线路倒塔断线概率预测模型。文献[83]建立了山火条件下输电线路停运概率模型，预测发生山火时导线对地放电和导线之间放电的概率。以上模型和方法主要采用人工智能方法进行输电线路风险预测，预测的结果是区域电网的线路停运规模或单条输电线路故障风险，但还没有做到使用在线天气预报信息进行线路故障预测。

文献[84]根据天气预报信息和微地形信息预测线路的冰厚并分别评估了线路因冰荷载过重、导线舞动、绝缘子冰闪引发的故障率。文献[85]根据雷电定位信息的动态变化，动态评估了输电线路的雷击故障概率；文献[86]提出利用实时的雷达回波参数等雷电信息进行输电线路雷击跳闸概率预警；文献[87]根据雷电监测信息识别雷电发生区域，采用优化方法确定雷区发展轨迹，预报雷区雷电特性变化量,进而预测预报雷电范围内的线路跳闸概率。文献[88]利用卫星遥感数据,结合 GIS 和气象信息预测山火的蔓延路径,动态评估了山火环境下线路闪络概率。上述预测评估方法的故障和气象灾害之间的关联评估模型仍然十分缺乏,相关运行风险预测研究依然处在探索阶段,并未形成相应的评价指标、评估方法等技术规范,同时,已有的预测评估方法需要在工程实际中进行应用检验。

1.4　气象对风光新能源并网的影响现状

风电、光伏新能源并网对电力系统风险造成了较大影响,其根源在于新能源出力的随机性、间歇性等,而导致新能源出力具有上述特点的根源又在于风速、日照强度等气象要素的随机变化。因此,分析含新能源并网电力系统的风险,主要集中在风速和日照强度模型,以及计及他们随机性的风险评估方法等方面[89]。

1.4.1　风速及日照强度模型研究现状

从风电和光伏的发电原理及物理特性来看,风速、日照强度分别是决定风电、光伏出力的主要因素,因此,目前有大量的文献从建立风速及日照强度的模型入手研究新能源发电。根据研究的时间尺度,风速及日照强度模型可分为短期和中长期两类。

1)风速及日照强度的短期模型

建立风速短期模型的方法主要有人工智能算法[90-93]和时间序列法[94-97]。人工智能法主要是采用各种机器学习及神经网络等方法对风速进行短期预测。文献[91]提出了一种将经验模态分解和支持向量回归方法相结合的风速预测方法,与其他多种现有的智能算法相比,该方法的预测精度更高;文献[92]用经验模态分解(empirical mode decomposition,EMD)和遗传算法-反向神经网络混合法来建立风速模型,并对 10min 和 1h 的风速进行了预测,结果表明相比于传统的神经网络模型,该方法的预测精度有所提高;文献[93]将历史的气象数据和风速数据作为输入,采用混合特征选择方法对输入向量进行筛选,然后运用异方差高斯过程回归(heteroscedasticity Gaussian process regression,HGPR)进行风速建模,可实现提前 1h 的风速预测。人工智能方法能考虑多种变量对风速的影响,预测精度较高,但模型复杂,计算量大。风速的时间序列模型建立在风速具有时间自相关性的基础上,通过分析历史风速数据的时间变化规律，根据前一时刻或前几时刻风速预测未来风速。文献[94]将卡尔曼滤波法应用到了自回归滑动平均模型(auto regressive moving average，ARMA)中，提出了一种风速混合预测方法，提高了预测精度；文献[95]提出了一种可以描述时间相关性和风速的概率分布特征的改进自回归滑动平均模型，并用于预测 10min 平均风速；文献[97]对小时级风速的变化特点进行分析，将小时风速的时间序列向量化，建立了向量自回归模型(vector auto regression，VAR)，可提前预测 72h 的风速。风速模型的时间序列方法中模型的阶数对预测精度影响较大，低阶模型建模比较容易但误差较大，高阶模型参数估计困难，且难以反映风速长期的概率分布特征。

在日照强度的短期预测方面，文献[98]建立了气候模型，通过能量转换公式来仿真得到各小时的日照强度；文献[99]建立了经验公式，采用 HOMER 软件将月平均气象数据转化为日照强度的实时模型，再通过光电转换关系得到光伏出力的实时模型；文献[100]和[101]通过数值天气预报信息以及经纬度等地理信息，来进行逐时太阳辐射的模拟。

综上，关于风速及日照强度的短期模型研究，多是针对分钟级或小时级的数据，关注的多是其时间自相关性、随机波动性等，难以反映较长时间尺度下的变化规律，还不能完全用于指导风电场、光伏电站的短期发电计划和实时调度等。

2) 风速及日照强度的中长期模型

在中长期时间尺度下风速模型往往采用的是概率分布模型，常用的风速概率分布模型有瑞利分布、韦布尔分布、对数正态分布等，其中韦布尔分布使用最为广泛[102]。文献[103]采用两参数韦布尔分布对土耳其伊兹密尔地区 70m、50m、30m 三种高度下的 10min 风速进行拟合，结果表明韦布尔分布具有较好的拟合效果；文献[104]分别用伽马分布、对数正态分布、韦布尔分布等概率分布模型对风速进行拟合，结果表明韦布尔分布拟合效果较好。

在日照强度的中长期模型方面，文献[105]采用正态分布来拟合晴天的日照强度的概率分布；文献[106]根据美国 3 个地区 5 年的历史数据，分别采用贝塔分布、韦布尔分布和对数正态分布来拟合日照强度的概率分布模型，并且通过实例分析证明了贝塔分布具有最优的拟合效果；文献[107]根据日照强度服从贝塔分布，以及日照强度和光伏出力之间的关系，推导出了光伏出力的贝塔分布模型，并通过实例进行了检验。对于逐小时的太阳辐射数据，文献[108]采用双峰贝塔分布来拟合典型日逐小时日照强度的概率分布。

综上，目前风速、日照强度的中长期模型主要是采用韦布尔分布、贝塔分布等概率分布模型，这类模型虽然能充分反映风速及日照强度长期的统计规律及随机变化特征，但难以反映其随时间变化的情况，无法满足新能源并网系统的时变风险评估需求。

1.4.2　新能源并网系统风险研究现状

1) 新能源并网系统充裕性评估研究现状

电力系统充裕性评估实质上是评估稳态运行时，在满足运行约束条件下向用户持续供电的能力。但新能源接入后，风电、光伏出力的随机性、间歇性使得系统发电侧功率发生较大波动，从而对系统充裕性产生较大影响。在大规模风电及光伏并网的背景下，新能源并网系统充裕性评估成为了研究的热点。含新能源发电的电力系统充裕性评估方法主要有解析法和模拟法两种。文献[109]和[110]在马尔可夫链的基础上，通过计算风速及风电场输出功率在各种状态下的持续时间和转移频率，提出了含风电电力系统充裕性的解析计算方法；文献[111]假设风速服从正态分布，并通过多项式近似表示了正态分布累积分布函数，建立了能模拟风速概率分布的解析模型，并将其应用到了风电并网系统充裕性评估中。文献[112]采用了解析法中的状态枚举法对大型并网光伏发电系统进行充裕性分析，并利用实际 20kW 并网光伏项目的测试结果验证了该分析方法的有效性；文献[113]用解析法对光伏发电单元的多状态转移过程进行了建模。虽然解析法得到的结果精确度较高，但随着系统规模的增大，其计算量呈指数增长，因此解析法仅适用于规模较小的系统。

相比而言，模拟法在新能源并网系统充裕性评估中应用更多。模拟法的主要思想是用随机抽样来模拟系统各种运行状态，其中以蒙特卡罗模拟法居多，适用于规模较大的系统。文献[114]在 Copula 函数的基础上，提出了一种多元风速相关性模型，充分考虑了位于同一地区的风电场风速之间的相关性，将该风速模型与蒙特卡罗模拟相结合，应用于含多风场的发输电系统充裕性评估中。文献[115]提出了一种改进相关矩阵蒙特卡罗模拟法与拉丁超立方采样法相结合的多维相关风速抽样方法，并把该方法应用于含多个风电场的发输电系统充裕性评估中，通过算例对风速相关性程度、风电场接入位置和风能渗透水平三个因素对系统充裕性的影响进行了分析。文献[116]综合考虑了风速及风向的随机性、风机出力特性和风电机组强迫停运率等因素，运用序贯蒙特卡罗仿真方法，建立了含风电场的发输电系统充裕度评估模型。文献[117]～[119]用韦布尔分布等概率分布模型模拟风速，并利用风机输出功率与风速的函数关系建立了风电出力模型，运用蒙特卡罗模拟方法对风电并网系统的充裕性指标进行评估。

在光伏发电方面，文献[120]基于光伏电池阵列等效模型分析其故障停运特性，提出了故障光伏组件的切除判定条件，运用序贯蒙特卡罗方法分析了并网光伏电站对大电网充裕性的影响；文献[121]建立了基于辐照度、温度与能量转换效率的光伏电站充裕性模型；文献[122]和[123]用贝塔分布对日照强度进行概率分布建模，用蒙特卡罗模拟对光伏并网系统的充裕性进行评估。在研究同时含有风电和光伏并网的电力系统充裕性时，文献[124]扩展了改进相关矩阵法，建立了模拟风电场风速、光伏电站光照和负荷之间相关性的模型，并将该模型运用到新能源发输电系统充裕性评估中；文献[125]中风电场风速采用时间序列建模，光伏电站以日地天文关系计算出的太阳辐照度，通过对地面有效辐照度的分解，引入逐时晴空指数来体现日照强度变化的随机性，在建立的风电与光伏充裕性模型基础上，基于序贯蒙特卡罗方法进行充裕性评估；文献[126]提出采用拉丁超立方采样技术对含有大规模可再生能源的电力系统进行充裕性分析，采用该方法得到的结果与序贯和非序贯蒙特卡罗方法相比，精度和效率都有所提高。

综上，大量文献在对风电、光伏接入的电力系统进行充裕性评估时，采用风速及日照强度的概率分布模型，并运用序贯或非序贯蒙特卡罗模拟多次抽取新能源出力及电网各元件运行状态的方式，计算系统全年的充裕性指标。风速、日照强度的概率分布模型虽然能较好地体现气象要素的长期统计规律及随机性特征，但忽略了气象要素实际上具有明显的时间周期变化特征，这就会导致系统充裕性也是随时间变化的，目前尚缺乏对新能源并网系统中长期充裕性随时间变化的研究。

2) 新能源并网系统安全评估研究现状

新能源发电出力的随机性、间歇性给电力系统带来了新的安全问题。在新能源并网系统的安全分析方面，文献[127]～[129]用确定性的静态安全分析方法，研究了含新能源发电电力系统的节点电压、线路传输功率是否会越限等问题。由于新能源发电具有随机性，部分学者认为传统的确定性的电力系统静态安全分析方法已难以适用，文献[130]～[132]基于概率潮流，提出了风电并网系统静态安全概率分析。根据研究的时间尺度，概率潮流问题又可分为短期和中长期两类[133]。在研究短期概率潮流问题时，一般直接对新能源出力进行预测[134]，这种方法降低了分析所需的数据基础要求，适用于系统短期或在线评估分析，但建模难度较大；在研究中长期概率潮流问题时，常用概率分布模型对新能源发电中的风速、日照强度等气象要素进行建模[131,132]。

文献[135]选用三参数的韦布尔分布模型对风速进行模拟,并根据概率潮流结果对节点电压越限概率和支路传输功率越限概率进行计算;文献[136]用双参数韦布尔分布模拟风电场风速,并用基于蒙特卡罗模拟的概率潮流计算节点电压越限概率及线路功率越限概率。

综上,目前新能源并网系统静态安全评估中,多采用风速及日照强度的概率分布模型来反映新能源的随机变化,但难以反映风光要素时变性所导致的系统安全随时间变化情况。此外,在评估指标方面,目前大多只是单纯地使用节点电压越限概率和支路过载概率等概率潮流的直接结果,有待进一步对概率潮流结果进行分析,结合新能源随机性、时变性等特点,形成一套完善的新能源并网系统静态安全评估指标体系。

1.5　恶劣天气下线路运行风险及安全校核研究现状

架空输电线路作为电力系统的重要组成部分,对其进行运行安全分析十分重要。目前,国内外对于线路安全运行的评判,主要是从线路运行的视角开展,通过监测输送容量、温度、弧垂、应力等多个线路参数,对线路的安全运行进行评判[137]。研究表明,架空输电线路的传输容量与导线温度具有直接关系,提高导线最高允许运行温度,可有效增加线路传输容量,挖掘架空线路的输电能力,提高架空线路的传输能力[138]。弧垂是线路设计及运行维护中的重要参数之一,决定了架空线路的松紧程度,弧垂的大小影响线路的安全运行。任何导线都和金属一样具有热胀冷缩的特性,弧垂与架空线路的温度具有直接关系,导线温度升高伴随着弧垂增大,研究表明,对代表档距为300m 的导线,导线温度每增加 10℃,弧垂会增加 0.36m[139]。弧垂又与应力息息相关,线路弧垂是决定架空线路的松紧程度,当线路弧垂增大时,应力会减小;反之,当线路弧垂减小时,应力会增大。由此可见,在输电线路运行过程中,表征线路安全运行中的各参数相互之间均有直接或间接的耦合关系。

大风环境下的输电线路风偏跳闸是影响输电安全的主要原因之一。由于风偏跳闸是在强风天气或微地形地区产生飑线风的条件下发生的,风的持续时间往往超过重合闸动作时限,使得重合闸动作时放电间隙仍然保持较小的距离;同时,重合闸动作时,系统中将出现一定幅值的操作过电压,导致间隙再次放电,并且第 2 次放电在较大的间隙就有可能发生。对于输电线风偏放电,国内外的研究主要集中在风偏放电的分析计算上,解决了悬垂绝缘子串风偏角的计算问题。计算风偏角的模型主要有刚体直杆法和弦多边形法[140-142]，刚体直杆法方法简单，虽然精度稍差，但应用广泛；相较而言弦多边形法更加精确，但计算复杂。此外，文献[143]介绍了猫头型直线塔风偏角计算的图解法，该方法较为复杂，仅适合人工分析，不适合计算机自动分析；文献[144]用静力有限元计算绝缘子串风偏角，并针对脉动风的影响，提出了引入脉动增大系数修正刚体直杆法的规范公式。

文献[32]、[145]和[146]对线路风偏放电的原因进行了探讨分析，并给出了具体的治理措施：如三相改 V 型串，或中相改 V 型串，或边相加长横担，或三相加挂双串并加重锤等直线塔导线风偏放电的治理措施；采用延长金具加绝缘子的形式，由跳线支撑管两侧分别连接至导线横担端部并固定，或新加跳线支架形成跳线串独立双挂点，或加装氟硅橡胶导线护套使跳线绝缘等耐张塔跳线风偏放电的治理措施。然而，风偏放电治理，或要求改变杆塔构件结构，或要求加装绝缘子串和重锤，实施起来困难较大且不是最经济的方式。

可见，目前的输电线路安全运行分析多是在给定的载流、运行温度、设计风速和风偏角等静态安全运行边界下进行的，较少考虑时变气象环境的影响。因此，如何在运行过程中计及时变气象环境因素的影响，动态分析输电线路的运行风险，尤其是连续高温、大风等恶劣天气下的运行风险及动态安全校核，对保证输电线路安全运行，保障电网安稳稳定具有重要的意义。

1.6 考虑气象条件的电网运行检修决策研究现状

输电设备维修是确保电网安全运行的重要环节，由于维修期间输电设备退出运行会潜在地降低系统的运行可靠性，所以维修期间系统风险的评估是制定维修计划需要考虑的关键因素[147]。输电网络大部分设备处于野外，其运行可靠性受天气因素影响很大。在评估输电线路维修给系统带来风险的大小时，必须考虑不同气象条件对维修风险的影响，选择风险较小的维修时间和维修对象[148]。同时恶劣气象条件也会阻碍检修行为的执行，是影响电力设备维修的重要因素，因此在维修计划决策过程中有必要考虑设备所处的气象条件对系统运行风险和维修过程带来的影响。

在以往的研究中，主要将气象因素作为约束条件纳入到决策模型中去[149,150]，把恶劣天气发生时段作为不适宜检修工作安排而进行排除，然而在一定的检修周期中，这种方式忽略了其余运行中的设备因所处的气象条件不同而对检修风险影响的不同，因为一个检修周期相比设备运行寿命要短得多，在此期间电力设备的运行状态及可靠性主要受气象因素影响。文献[150]考虑了短期维修中线路发生故障的随机模糊性，以检修费用和停电损失费用最小为优化目标，制定输电线路日维修计划。但计划中没有考虑气象因素对电网可靠性的影响，只是简单地排除了由于天气原因不允许安排检修的时段。文献[151]构造了计及气候对线路故障影响、负荷波动等诸多不确定性因素的输电线路检修计划，但在该文中，气象状态的模拟仅仅为正常和恶劣状态两种，在检修计划中这种分类方法偏离了气象环境对设备故障率的实际影响程度。文献[152]考虑了整个维修周期内气象环境的变化对运行设备的故障率和检修活动的影响，建立了计及气象环境因素和电网可靠性的配电网短期检修计划决策模型。

因此，需要将电网风险评估引入电网维修计划优化中，考虑整个维修期间气象环境的变化对运行设备的状态和维修活动的影响，在计及维修规程约束、维修能力约束、气象环境约束和电网结构约束的前提下，在保证供电可靠性的基础上，以电网检修损失最小为优化目标，对整个维修周期内的待修设备的最佳检修计划进行优化决策，以降低维修作业对电网运行可靠性的影响。

1.7　本书后续章节安排

第 2 章研究气象相关的输电线路故障统计模型与模拟方法。针对缺乏输电线路故障率时间分布规律和强迫停运时间概率分布描述模型问题，从气象对电网影响的周期性特征出发，提出故障率时间相依的数学模型。然后使用数学分布函数来模拟输电线路故障率的逐月分布特征，并使用故障率时间分布具有单峰和多峰周期特征的两个典型电网的故障样本，进行参数拟合验证。使用常用的几种概率分布，模拟气象相关的输电线路强迫停运时间的概率分布，并分析和比较各分布拟合函数的优劣。

第 3 章研究气象相关的输电线路失效差异性评价方法。针对现有输电设备可靠性评价忽视了输电线路的区域性差异、影响因素差异以及短时性故障聚集效应等特征，将气象灾害对输电线路的影响归纳到输电线路的地理位置、时间阶段、主要成分这三个要素，从时间和空间两个维度出发构建输电线路气象风险的统计描述方法，定义反映输电线路故障时空分布特征的指标，然后基于故障时空特征差异分析输电线路气象风险。以某省电网的故障样本进行实例分析，对所提风险分析方法的适用性和优势进行验证。

第 4 章研究多气象因素组合的输电线路风险分析方法。针对多气象因素组合作用时的模糊性和不确定性问题，以不同气象因素及其等级下的输电线路故障率模型为基础，提出一种基于灰色模糊理论的多气象因素组合的输电线路风险分析方法，将多种气象条件作为评判因素，建立不同评判等级的输电线路风险评判体系。通过三角隶属度函数来描述评判因素与风险等级间的模糊关系，并引入点灰度来描述模糊关系的不可信程度。在此基础上进行灰色模糊综合评判，得到更贴近实际的风险评判结果。最后，以某供电局的输电线路为例进行风险分析，对所提方法的有效性进行验证。

第 5 章研究计及气象敏感类线路时变故障率的电网风险评估方法。针对常规充裕性指标并未体现不同时间段、不同气象环境下的电网风险差异，不能满足目前对电网时变风险分析的需求问题，提出基于时间及气象相关的电网充裕性评估指标。以气象敏感类输电线路故障的时空特征指标为基础，构建时空环境相依的电网风险评估方法。采用某省电网和 IEEE-RBTS 测试系统作为算例，对所提的计及气象敏感类线路故障时变特性的电网风险评估方法进行验证。

第 6 章研究计及风速时间周期特征的风电并网系统风险评估方法。针对现有的风速模型不能反映风电并网系统风险随时间变化的情况，首先，从不同时间尺度对风速变化规律进行分析，提出风速的时间周期特征模型，并用多个站点的实际风速对所提模型的有效性和普适性进行检验。然后，基于上述建立的风速模型及风电出力与风速的函数关系，建立风电场出力模型，采用序贯蒙特卡罗模拟法评估风电并网系统各月的时变风险。最后，用改进的 IEEE-RTS 系统作为算例，检验所提计及风速时间周期特征的风电并网系统风险评估方法的效果。

第 7 章研究输电线路输送能力在线评估及安全校核方法。针对连续高温天气下输电线路重载带来的运行安全需要，研究时变气象环境下架空输电线路的动态载流能力评估及 N-1 方式下的安全校核方法。首先，以导线热平衡方程为基础，构建输电线路载流能力与温度计算模型，建立时变气象环境下基于数值天气预报的输电线路动态输电容量估计方法。然后，在 N-1 准则下提出输电断面在线安全校核与温升越限预警方法。最后，以某输电断面为例，对所提的动态传输能力在线评估及安全校核方法进行验证。

第 8 章研究大风环境下输电线路电气绝缘距离安全校核方法。针对大风环境下架空输电线路风偏放电问题，把握发生风偏跳闸的本质原因是大风环境下绝缘间隙距离不够，以直线塔、耐张塔等不同类型的输电杆塔为对象，根据杆塔结构并结合几何知识，推导风偏状态下线路至杆塔塔身的最小间隙距离的计算公式，建立架空输电线路风偏放电在线安全校核模型。考虑到降雨会使间隙放电电压降低，引入降雨影响系数来修正规定的允许最小间隙，以使校核结果更加准确。最后，通过实例分析对该方法的可行性和精确性进行检验。

第 9 章研究计及气象因素影响的电网设备检修决策方法。针对现有电网设备短期检修计划优化中只考虑检修损失而存在的不足，建立计及气象条件等多种约束的电网设备短期检修计划优化模型，该模型在满足多种检修约束条件的前提下，以均衡供电可靠性和检修停电损失为优化目标，制定最优的电网设备检修计划，从而保证检修周期内的供电可靠性。通过 IEEE-RBTS Bus 5 系统的算例测试，对所提模型的有效性进行检验。

第 10 章是本书的总结和研究展望。

第 2 章 气象相关的输电线路故障统计模型
与模拟方法

2.1 引　　言

电网多年运行经验表明，架空输电线路等输变电设备长期暴露于大气环境之中，其能否安全可靠运行与外部气象环境有密切关系。因此，认识输电线路的故障特性，提升电网运行可靠性水平一直是电力系统规划、调度运行、设备维修等工作所关注的重点。本章抓住输电线路气象灾害的爆发具有时间周期性特征，气象敏感的输电线路故障率是随时间变化的这一主要特征，由此提出以历史同期时间计算时变故障率的方法，得到故障率时间相依的数学模型，用以反映不同地区、不同电压等级、不同气象环境下的输电线路故障随时间变化的规律，建立一种符合线路客观实际的连续时间故障率模型。

然而，有限的历史故障样本不能直接得出输电线路任意时刻的故障率，为此本章提出输电线路故障率连续时间分布函数的模拟方法，使用傅里叶函数、高斯函数、韦布尔函数连续时间模型假设，以中国中部地区和南方沿海地区电网的实际故障样本进行模拟函数的参数拟合。气象灾害冲击作用下输电线路的强迫停运时间反映了恶劣气象环境因素对故障线路修复能力的影响，同样需要使用概率密度分布函数进行刻画。为此，使用常用的几种概率分布模拟气象相关的输电线路强迫停运时间的概率分布，并分析和比较各分布拟合函数的优劣。

2.2 气象所致输电线路故障时间特征分析

统计分析是从宏观上掌握气象对输电线路冲击作用规律的有效方法。由于气象灾害具有时空分布规律，所以，可以从输电线路故障事件的时空分布特征以及气象与线路故障的关联关系入手，分析气象相关的线路故障的统计特征。

气象学方面的文献[2]指出：气候系统的变化特征具有自记忆特性，极端气候事件序列在不同的时间标度上有相似的统计特性，表现出长程相关性，亦即具有时间周期性。以天文角度划分四季的方法规定每年的 3～5 月为春季，6～8 月为夏季，9～11 月为秋季，12～次年 2 月为冬季。以天文角度划分四季的方法，适用于长江、黄河沿线及其之间的中部地区[153]。这些地区气候特征四季分明，气象灾害同样有明显的季节特性。而对于中国南方沿海地处低纬度的南亚热带季风气候区域，四季划分采用的是气候学标准[154]。例如，南方沿海某地区的气候特征[155]如表 2-1 所示。

表 2-1　中国南方沿海某地区四季划分表

季节	历史平均开始时间	历史平均结束时间	持续天数
春	2 月 6 日	4 月 20 日	76
夏	4 月 21 日	11 月 2 日	196
秋	11 月 3 日	1 月 12 日	69
冬	1 月 13 日	2 月 5 日	24

南方沿海地区气候特征呈现明显的长夏短冬特点，输电线路主要受长夏季中的雷电、台风、大风、暴雨影响，而冬季很短且无冰，导线不受覆冰和舞动影响。例如，南方沿海的某电网，2007～2013 年 110～500kV 输电线路的跳闸原因分类如图 2-1 所示，从图中可见，雷击跳闸是输电线路跳闸的主要原因，占到总原因的 52.63%；其次为外飘物引起的外力破坏，占到了

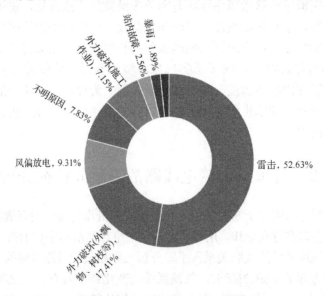

图 2-1　输电线路跳闸原因占比图

17.41%；风偏放电也是线路跳闸的一大主要原因，占到了 9.31%；暴雨天气下绝缘子雨闪占到了 1.89%。与气象相关的跳闸事件占到了 81.24%，说明气象是导致线路故障最主要的原因[68]。

线路跳闸事件对应的天气状况如图 2-2 所示，从图中可见，线路跳闸事件主要发生在雷电、台风、暴雨、大风等灾害性天气下。其中一半以上为雷雨天气(53%)，这与线路跳闸原因中雷击所占 52.63%的比重是相吻合的。其次是台风，台风天气占 17%，进一步分析台风天气对应的跳闸事件，其中有65%是风偏放电，有 16%是外飘物、树枝等外力破坏。由于该地区的 110～220kV 输电线路的设计风速普遍为 33m/s(抗 12 级台风标准)，500kV 输电设计风速为 35～37m/s，所以台风天气下直接断线倒塔的事故很少发生。而台风天气往往伴随大风、暴雨甚至强雷电活动，台风造成的衍生灾害，如风偏放电、外飘物引起的外力破坏、雷击成为线路故障最主要的原因，占到了 86%，如图 2-3 所示。

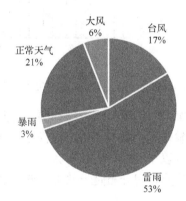

图 2-2　输电线路跳闸事件对应的天气状况

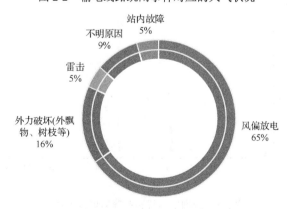

图 2-3　台风天气下跳闸原因比例图

图 2-2 表明，线路跳闸事件主要发生在雷电、台风、暴雨、大风等灾害性天气下，进一步对 2009～2013 年深圳历史气象数据进行统计分析，得到深圳市灾害性天气的时间分布特征，如图 2-4 所示。其中，每年的雷电日数约有 66.5 天，属于多雷区，雷电活动主要集中在 4～9 月，这 6 个月的雷电天数占到了全年的 95%；年暴雨天数约为 7.18 天，主要集中在每年的 5～9 月；每年影响深圳的台风个数为 4～6 个，主要集中在每年的 4～9 月。

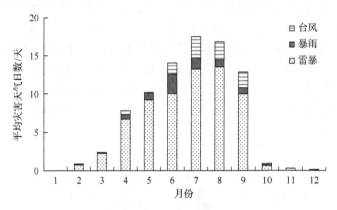

图 2-4　深圳 2009～2013 年各月平均灾害性天气日数

通过计算当月跳闸次数占总跳闸次数的比例，得到跳闸事件的时间分布特征，如图 2-5 所示。输电线路跳闸事件的时间分布存在较大起伏，主要集中在 4～9 月（86%），尤其以 7～9 月最多（54%），在 7 月达到峰值，这与深圳各月平均灾害性天气日数的时间分布是一致的，两者之间表现出时间分布的相关一致性。

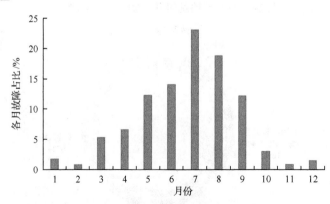

图 2-5　深圳电网线路故障时间分布图

此外，不同地区由于其地理气象环境和输电网络布局的差异，线路故障事件也具有不同的地域空间分布特性。上述深圳地区气候特征呈现明显的长夏短冬特点，线路主要受长夏季中的雷电、台风、大风、暴雨影响，故障时间分布呈平缓单峰特性。而中国中部地区具有春夏秋冬四季分明的气候特点，线路既受夏季强对流天气影响，又受冬季覆冰舞动影响，故障逐月时间分布通常具有"峰—谷—峰—谷"的多峰周期特性，如图 2-6 所示。

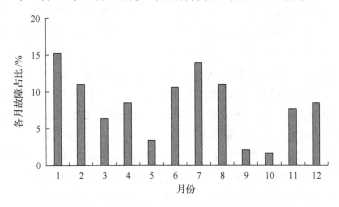

图 2-6　河南电网 220kV 线路故障时间分布图

从图 2-6 中可见，输电线路发生故障的峰值月份出现在 1 月和 7 月，谷值月份出现在 5 月和 10 月，故障的时间分布具有明显的"峰—谷—峰—谷"特性。进一步结合当地的气候特点分析，该电网故障主要受冬季覆冰、舞动、污闪和夏季强对流天气导致的雷击、风害影响，在春秋季节也有一些鸟害和山火。其中线路冰害主要出现在每年的 1～3 月，舞动跳闸事故主要发生在每年的 1 月、2 月和 11 月，雷击跳闸事故集中出现在每年的 6～8 月，鸟害发生的时间相对集中在 3～4 月鸟儿筑巢期及 11 月候鸟迁徙季节，大风灾害或风偏跳闸则大多出现在 4～6 月。

此外，可能还有一些地区因其特殊的地理气候环境，输电线路故障率的时间分布既不是双峰周期特性，也不是单峰特性，而是一些特殊的分布规律。

综上所述，输电线路暴露在大气环境中，受气象影响发生故障的概率较高。根据输电线路所处的地理环境差异而具有不同的特征。

(1)气象影响输电线路的空间特征：①不同地区的输电线路故障率不同，相较于平原地区，山区故障率要高，相较于内陆地区，沿海地区故障率要高。②不同地区的线路对各种气象灾害的敏感度不同，不同地区的气象条件不同，起主导作用的气象灾害也不同。③同一区域不同线路因设计和运维管理存在差异，不同线路抵御气象灾害的能力不同，线路故障率当然差别较大。④输电线路是由线路段和杆塔组成，特别是大容量长距离送电通道，各线路段自身参数、所处地形和微气象等均可能存在较大差异，因此同一条线路的不同区段故障率也不相同。

(2) 气象影响输电线路的时间特征：①输电线路故障率的时间分布存在较大起伏，这主要受气象灾害的季节特性影响，如夏天的雷雨、飚线风等强对流天气，冬季的覆冰、舞动、污闪等。②不同气象灾害作用下的输电线路故障概率和故障停运时间差别较大，例如，输电线路雷击故障概率很高，但重合闸成功率亦很高；而山火灾害造成的故障概率虽然不是特别高，但山火情况下重合闸成功率低，需要等到山火扑灭后才能恢复供电，平均故障停运时间相对较长，对输电线路输送能力的影响更大。③存在短时故障风险聚集效应，如短时的雷电、大风等强对流天气常常造成区域性的多条线路跳闸，给输电线路和电网造成短时聚集性风险。

由上述可以看出，在认识和表征输电线路气象风险时，需要从原来的一维横向连续时间下的年均值模型，拓展到考虑历史同期(纵向)时间和导致故障的因素，特别是外部气象环境因素，通过描述时空相依的线路故障规律[156]，揭示不同线路的故障风险特征、敏感性气象因素、主导气象灾害及其作用下的故障时间等特征，为电力系统规划设计、调度运行、运行检修、动态风险控制等提供理论依据，如图 2-7 所示。

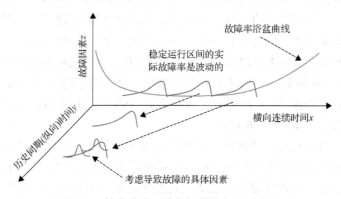

图 2-7　输电线路风险指标描述拓展示意图

2.3　时间及气象相关的输电线路故障统计模型

气象敏感输电线路故障率是随时间变化的，且不同地区由于其地理气候和输电网络布局的差异，也具有不同的故障率时间分布特性。因此，如果能按历史同期时间(如历史同期的月)统计出线路的故障率，并通过数学拟合得到故障率随时间变化的函数描述，就能模拟得到任意时段的故障率，由此可计算任意时段的电网风险水平，可更准确地反映输电系统的时变风险规律[157]。

2.3.1 各类气象条件下的故障统计模型

由于各类气象灾害(如雷电、山火、冰雪)具有明显的时空分布特性，有必要研究短期内的气象灾害侵袭对电网的影响。

根据故障率的定义

$$\lambda = \frac{\text{故障次数}}{\text{暴露时间}} \tag{2.1}$$

在研究时间区间内，元件的平均故障率 λ_{ave} 如式(2.2)所示：

$$\lambda_{\text{ave}} = \frac{N}{T} \tag{2.2}$$

式中，N 为元件在研究时间区间内的故障次数；T 为研究时间区间。

而各类气象灾害条件下元件的故障率 λ_x 如式(2.3)所示：

$$\lambda_x = \frac{n_x}{T_x} \tag{2.3}$$

式中，n_x 为线路在 x 类气象灾害下的故障次数，$x \in \{$雷电,台风,大风,冰雪,高温,暴雨,山火等$\}$；T_x 为 x 类气象灾害的持续时间。

将某类型气象灾害的持续时间计入研究时间区间内，式(2.2)和式(2.3)可分别用式(2.4)和式(2.5)表示，即

$$\lambda_{\text{ave}} = \frac{\sum\limits_x n_x}{T} = \frac{\sum\limits_x \lambda_x T_x}{T} = \sum\limits_x \lambda_x \alpha_x \tag{2.4}$$

$$\lambda_x = \frac{n_x}{T_x} = \frac{(n_x / n)(n / T)}{(T_x / T)} = \frac{\lambda_{\text{ave}} \beta_x}{\alpha_x} \tag{2.5}$$

式中，λ_x 为 x 类气象灾害下的线路故障率；α_x 为 x 类气象灾害的持续时间占研究时间区间的百分比；β_x 为 x 类气象灾害下线路的故障次数占研究时间内总故障次数的百分比。

2.3.2 历史同期时间尺度的故障统计模型

不同季节、不同月份电网面临的气象灾害因素不同，在各个月份的风险水平起伏较大，尽管气象导致的线路故障频率在年度或月度间有差异，但多年中历史同期的月份气象灾害导致的线路故障分布却基本不变。按历史同期月份计算输电线路故障率的方法如下。

根据故障率的定义，单条输电线路历史同期月故障率可以表示为

$$\lambda_k(m) = \frac{\sum\limits_{y} n_{kym}}{Y T_m L_k} \times 100 \qquad m = 1, 2, \cdots, 12 \tag{2.6}$$

式中，$\lambda_k(m)$ 为线路 k 在历史同期的 m 月的故障率，次/(100km·月)；n_{kym} 为线路 k 在第 y 年的 m 月的故障次数；T_m 为第 m 月的时间；Y 为统计的总年数；L_k 为线路 k 的长度，km。此式亦可用于计算相同气象条件下的同一电压等级的多条线路的历史同期各月故障率，即

$$\lambda(m) = \frac{\sum\limits_{k} \left[\lambda_k(m) \times L_k \right]}{\sum\limits_{k} L_k} \tag{2.7}$$

式中，$\lambda(m)$ 为同一电压等级线路在历史同期的第 m 月的故障率，次/(100km·月)。

使用各月故障率的有名值来描述时间分布规律特征时，由于不同地域电网的差异，虽然分布曲线形状相似，但参数值可能变化很大，所以，使用规范化的故障率函数来反映故障率的逐月时间分布特征，故障率规范化计算公式为

$$f(m) = \frac{\lambda(m)\left[\text{次} / (100\text{km} \cdot \text{月}) \right]}{\lambda_{\text{ave}}\left[\text{次} / (100\text{km} \cdot \text{月}) \right]} = \frac{\lambda(m)\left[\text{次} / (100\text{km} \cdot \text{月}) \right]}{12\lambda'_{\text{ave}}\left[\text{次} / (100\text{km} \cdot \text{月}) \right]} \tag{2.8}$$

式中，$f(m)$ 为历史同期各月故障率规范化分布函数，$m = 1, 2, \cdots, 12$；λ_{ave} 为多年平均值故障率，次/(100km·年)；λ'_{ave} 为平均值故障率，次/(100km·月)。

2.4 气象敏感类输电线路时变故障率模拟

2.4.1 输电线路时变故障率分布函数假设

中国长江沿线到黄河沿线之间的中部地区具有四季分明的气候特点，输

电线路故障逐月时间分布通常具有"峰—谷—峰—谷"特性。可以通过调节周期系数来改变峰谷周期，调节均值系数、幅值系数来改变峰谷值，傅里叶函数能很好地适应多峰周期性曲线的拟合[158]，因此，可假设其输电线路的故障时间分布为一次基波傅里叶函数。

一次基波傅里叶函数的表达式为

$$f(m) = a + b\cos(\omega m) + c\sin(\omega m) \tag{2.9}$$

式中，a、b、c、ω 为拟合待定系数；m 为月份。

对于平缓单峰分布特征的地区，使用一次基波傅里叶函数需要拟合 4 个参数。而高斯和韦布尔函数分别只需 3 个和 2 个参数就能较好模拟平缓单峰曲线，因此进一步假设这类地区输电线路故障率的逐月时间分布为高斯或韦布尔函数。

高斯函数的表达式为

$$f(m) = A \times \exp\left[-\left(\frac{m - B}{C} \right)^2 \right] \tag{2.10}$$

式中，A、B、C 为拟合待定系数。

韦布尔函数的表达式为

$$f(m) = \frac{\beta}{\alpha} \left(\frac{m}{\alpha} \right)^{\beta - 1} \exp\left[-\left(\frac{m}{\alpha} \right)^{\beta} \right] \tag{2.11}$$

式中，α 为待定尺度参数；β 为待定形状参数。

2.4.2　具有多峰周期特性的时变故障率函数拟合

以中国中部某省电网 2001～2011 年 10 年间与气象环境相关的 236 次 220kV 线路故障事件为样本，采用上述傅里叶函数表示的故障率逐月时间分布假设，进行函数参数拟合。

模拟函数参数拟合的结果列于表 2-2，拟合曲线绘制于图 2-8。拟合优度的指标是：判定系数 R_{square}=0.7123，均方根误差 δ_{RMSE}=0.02754。

表 2-2　具有多峰周期特性故障率的傅里叶函数拟合结果

系数	拟合值	拟合值的 95% 置信区间
a	0.08203	(0.06257, 0.10150)
b	0.01417	(−0.04719, 0.07554)
c	0.04761	(0.01757, 0.07765)
ω	1.0790	(0.9117, 1.2460)

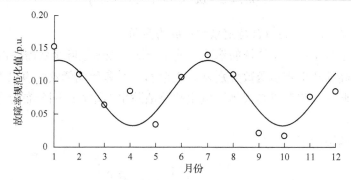

图 2-8　具有多峰周期特性故障率的傅里叶函数拟合曲线

2.4.3　具有单峰周期特性的时变故障率函数拟合

对于故障率时间分布呈平缓单峰特性的地区，以中国南方某沿海电网的 2007～2013 年与气象环境相关的 162 次 220kV 输电线路故障事件为样本，分别采用傅里叶函数、高斯函数、韦布尔函数进行了模拟函数的参数拟合对比，拟合结果列于表 2-3，拟合曲线绘制于图 2-9。其中韦布尔函数的拟合优度最佳。

更进一步，对于其他电压等级的输电线路，本章提出的故障率逐月分布函数假设是否具有同样的效果？为此，仍然以南方某沿海电网 2007～2013 年与气象环境相关的 569 次 110kV 输电线路故障事件为样本，进行了对比函数拟合检验，拟合结果列于表 2-4，拟合曲线绘制于图 2-10。

表 2-3　南方某地 220kV 输电线路故障率逐月分布拟合结果

拟合函数	参数拟合值	拟合优度
傅里叶	a=0.1020, b=−0.0057, c=−0.1054, ω=0.6619	R_{square}=0.8578, δ_{RMSE}=0.0379
高斯	A=0.2316, B=7.206, C=2.314	R_{square}=0.8926, δ_{RMSE}=0.0311
韦布尔	α=7.693, β=4.877	R_{square}=0.912, δ_{RMSE}=0.0267

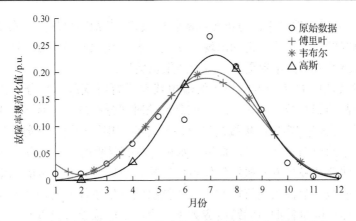

图 2-9　南方某地 220kV 输电线路故障率逐月分布拟合曲线

表 2-4　南方某地 110kV 输电线路故障率逐月分布拟合结果

拟合函数	参数拟合值	拟合优度
傅里叶	a=0.0994，b=−0.0196，c=−0.0868，ω=0.6569	R_{square}=0.9273，δ_{RMSE}=0.0222
高斯	A=0.195，B=6.904，C=2.804	R_{square}=0.9288，δ_{RMSE}=0.0207
韦布尔	α=9.544，β=3.996	R_{square}=0.9389，δ_{RMSE}=0.0182

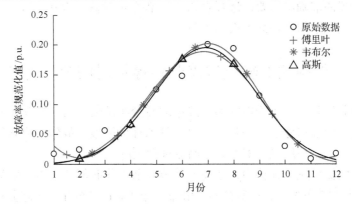

图 2-10　南方某地 110 kV 输电线路故障率逐月分布拟合曲线

从上面两例可以看出：

(1)通过改变均值系数 a，幅值系数 b、c 和周期系数 ω，傅里叶函数能适应峰谷交替和单峰特性的故障率时间分布曲线拟合，方便实用，可推广性强。

(2)使用傅里叶函数、韦布尔函数、高斯函数均能很好模拟单峰特性的故障率时间分布曲线，韦布尔函数虽然表达式复杂，但只需改变形状参数与尺度参数就可以获得更好的拟合优度。

（3）南方沿海地区不同电压等级的输电线路，其故障率逐月分布呈现明显相似的单峰特性，单峰峰值均出现在 7 月，模拟结果参数相近；同时，由于 110kV 线路的故障样本数更多，拟合结果也更好。

在对某地区的某一电压等级的输电线路进行时变故障率分布函数拟合时，历史故障记录数据越多，越能准确反映时间分布规律。对于中国的几大地理分区，文献[2]指出：极端高温事件具有准 3 年周期波动趋势，极端低温具有 2.7 年的周期波动趋势，极端降水事件具有显著的 8～12 年周期波动趋势。输电线路故障事件受极端气候事件影响，也同样具有显著的周期特征。因此，在模拟季节性周期特征时，应该把极端气候事件的周期性波动特征反映进去，即故障事件的时间跨度应大于一个以上的极端气候事件周期。从作者的经验来看，一般用最近 5～10 年的数据就能很好地拟合出分布规律。拟合优度作为拟合曲线对观测值的拟合程度的度量，受到故障样本数量和所选的拟合函数的影响。因此，需要在保证一定数量的故障样本下，通过对历史样本数据的故障时间进行统计，得到故障时间分布的柱状图；然后，从柱状图上判断故障时间的分布特性，以便选择适当的数学函数进行拟合检验；最后，哪种函数的拟合效果最好，就选定为模拟函数。因此，在实际运用中可以根据模拟的准确度需要，选择表达式简单的 4 参数一次基波傅里叶函数，或者表达式复杂的 2 参数韦布尔函数。

2.5　气象相关的输电线路强迫停运时间分布特征模拟

前面分析和模拟了输电线路故障率逐月分布函数，而气象灾害冲击作用下输电线路的强迫停运时间反映了恶劣气象环境因素对故障线路修复能力的影响，同样需要使用概率密度分布函数进行刻画。

在电网概率风险评估中，描述元件故障前工作时间和故障后修复时间的概率分布[159,160]主要有：指数分布、韦布尔分布、伽马分布、正态分布、对数正态分布等。其中，故障前工作时间分布模型主要是输电线路整个寿命周期内的结构老化模型，对于气象灾害的冲击作用而导致的短期强迫失效不具有适用性。此外，文献[161]使用埃尔朗分布来描述维修时间的概率分布，而埃尔朗分布实质上是一种形状参数为整数的伽马分布。文献[162]提出了使用时域齐次马尔可夫过程描述停运模型的"叠加指数分布"，这相当于 2 参数的指数分布。

2.5.1　描述强迫停运时间的常用概率分布函数

对于输电线路强迫停运时间，描述其概率密度函数分布的主要有：指数分布、韦布尔分布、伽马分布、对数正态分布等。

指数分布的表达式为

$$f(t|\mu) = \frac{1}{\mu}\exp\left(-\frac{t}{\mu}\right) \tag{2.12}$$

式中，t 为停运时间，下同；μ 为均值，其方差为 μ^2。

韦布尔分布的表达式为

$$f(t|\alpha,\beta) = \frac{\beta}{\alpha}\left(\frac{t}{\alpha}\right)^{\beta-1}\exp\left[-\left(\frac{t}{\alpha}\right)^{\beta}\right] \tag{2.13}$$

式中，α 为尺度参数；β 为形状参数。

伽马分布的表达式为

$$f(t|\gamma,\kappa) = \frac{1}{\kappa^{\gamma}\Gamma(\gamma)}t^{\gamma-1}\exp\left(-\frac{t}{\kappa}\right) \tag{2.14}$$

式中，γ 为形状参数；κ 为尺度参数；$\Gamma(\cdot)$ 为伽马函数，即

$$\Gamma(x) = \int_0^{\infty} t^{x-1}\exp(-t)\mathrm{d}t \tag{2.15}$$

对数正态分布的表达式为

$$f(t|\nu,\sigma) = \frac{1}{x\sigma\sqrt{2\pi}}\exp\left[-\frac{(\ln t-\nu)^2}{2\sigma^2}\right] \tag{2.16}$$

式中，ν 为对数均值；σ 为对数标准差。

2.5.2　气象相关的线路强迫停运时间概率分布拟合

以南方沿海某地区电网 2007～2013 年间 110～220kV 电网由于气象原因造成的 134 次输电线强迫停运事件为样本，对线路停运时间概率密度分布函数进行拟合检验验证以上几种常用停运时间概率密度函数，对于受气象灾害影响而导致强迫停运的输电线路，其停运时间分布使用哪种更为合适。

样本停运时间序列的统计均值为 8.1207h，方差为 51.6451。分布拟合采用极大似然估计法，拟合检验采用 0.01 显著性水平的 χ^2 检验法，概率密度函数的分布拟合结果及检验结果列于表 2-5，拟合曲线绘制于图 2-11。

表 2-5　四种概率密度函数拟合结果

分布类型	参数估计	极大似然估计值	χ^2检验
指数分布	μ=8.1208	$\ln L$= −414.65 E_{mean}=8.1208 δ_{var}=65.9465	接受
韦布尔分布	α=8.3842 β=1.08723	$\ln L$= −413.94 E_{mean}=8.1217 δ_{var}=55.9088	接受
伽马分布	γ=1.1381 κ=7.1352	$\ln L$= −413.97 E_{mean}=8.1208 δ_{var}=57.9433	接受
对数正态分布	ν=1.59462 σ=1.12746	$\ln L$= −419.39 E_{mean}=9.3018 δ_{var}=221.9330	接受

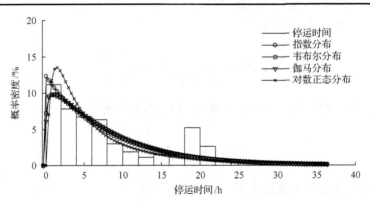

图 2-11　四种概率密度函数描述效果比较

表 2-5 中的 $\ln L$ 表示对数极大似然估计值，E_{mean} 表示拟合函数的均值，δ_{var} 表示拟合函数的方差。从表 2-5 可见：对数正态分布拟合的均值 9.3018 和方差 221.9330 均与样本均值 8.1208 和样本方差 51.6451 差别较大，虽然在样本较多时通过了检验，但其参数估计值却最差（$\ln L$ 值最小）。由于韦布尔分布和伽马分布可以通过调节形状参数或尺度参数来反映概率密度曲线的变化，因此，使用韦布尔分布或伽马分布均能较好的拟合输电线路停运时间的概率密度函数。同时，指数分布由于只有一个均值参数 μ，当样本方差接近 μ^2 时，亦可很好地模拟输电线路停运时间的概率密度函数，但如果样本方差同指数

模拟的方差 μ^2 差别较大时，拟合优度也会较差。

本算例样本参数的统计均值为 8.1207h，这与文献[4]和[5]公布的 2010 年、2011 年中国 220kV 线路因气象环境相关的平均停运时间分别为 8.0452h、13.2107h 是吻合的。由于指数分布只需估计参数的均值，所以在缺乏大量详细样本信息时，可以通过查阅各地报往电力可靠性管理中心的数据，使用指数分布描述输电线路停运时间概率分布。

2.6　本　章　小　结

针对气象环境相关的输电线路故障率逐月时间分布特征和强迫停运时间概率分布特征的数学描述问题，本章提出了以历史同期时间计算时变故障率的方法，用于反映输电线路的时间相依的故障规律。在此基础上，给出了输电线路故障率时间分布函数假设与参数拟合方法，以及输电线路强迫停运时间概率分布模拟方法。通过研究，得出如下结论：

（1）气象敏感类输电线路时间相依的故障规律，可通过拟合历史同期各月故障事件的时间分布，用故障率时间分布函数来反映，并可用于预测输电线路在未来时段的故障率。

（2）可以采用傅里叶函数模拟具有峰谷交替特性的故障率时间分布函数；对于单峰特性的故障率时间分布曲线使用傅里叶函数、韦布尔函数、高斯函数均能很好模拟，在实际运用中可以根据不同气象区域及模拟的准确度需要，选择不同的模拟函数。

（3）在描述输电线强迫停运时间分布时，指数分布因只有 1 个均值参数，模拟的分布函数方差常常不满足样本方差，而韦布尔分布和伽马分布均可以通过调节形状参数或尺度参数来反映概率密度曲线的变化，因此能更好地模拟输电线路停运时间的概率密度函数。

第3章 气象相关的输电线路失效差异评价

3.1 引 言

近年来，电网的规模不断扩大，结构日趋复杂，地理跨度不断增加，同时，全国各地气象灾害频发，雷电、大风、冰雪、山火、台风等气象灾害对暴露在外部大气环境中的输电网产生了重大影响，自然灾害、气候因素是造成输电线路非计划停运的主要原因。

由第 2 章的分析可见，输电线路风险具有时间波动性和地域差异性两大特征。电力系统运行控制及运行维护均需要实时把握电网风险来保障运行安全，以及通过快速维修来实现快速恢复供电。因此，认识输电线路受气象影响的故障规律，是电力系统风险控制的基础工作之一。

目前，输电线路的可靠性统计评价主要采用现行的 DL/T 837—2012《输变电设施可靠性评价规程》中推荐的评价方法，以及 DL/T 861—2004《电力可靠性基本名词术语》中推荐的可用系数、运行系数、强迫停运系数、计划停运率、强迫停运率、连续可用小时、暴露率等指标，这些方法和评价指标聚焦于同电压等级输电线路的整体性能，能够基本满足输电线路规划设计的需要。同时，由于统计的停运原因分类中的责任原因代码与气象相关的停运事故责任原因主要有 0019（自然灾害）、0020（气候因素），并没有细分致灾气象因素，所以上述指标不能反映同电压等级输电线路的地理区域性差异、个体性差异、影响因素差异以及短时聚集性故障效应等特征，不能满足不同气象灾害下的电网风险评估和电力系统动态风险防控需要。

此外，文献[163]和[164]采用线路潮流安全概率、潮流过负荷概率、母线电压安全概率、电压越限概率等指标来衡量输电线路风险；文献[165]采用线路电压越限、频率越限、过负荷等指标衡量污闪导致的输电线路运行风险。上述指标主要关注的是输电线路运行状态及其后果，以及供电点的电能质量，而对于输电线路气象风险的时空分布特征差异以及风险主导因素等未能反映。上述工作的计算依据通常是采用同电压等级线路的统计数据，对系统运行过程中的在线风险防范指导性不强。

实施电力系统在线运行风险控制是智能电网理论和技术发展的迫切要

求，而要实现这一目标，必须掌握每一具体元件在每一阶段的故障率水平，这样就能通过把握元件故障可能性，为在线防范系统故障风险提供依据。例如，在制定调度运行方式时，为了对所制定运行方式的风险进行评估，需要知道每条输电线路在未来对应时段的故障率，而这些输电线路处于不同的地理位置，其故障率是存在差异的。在电力系统运行维护决策中，如能掌握未来某一时段哪些输电线路具有较大的故障可能性，则可集中运维资源，聚焦到高风险区段，这样可以大幅缩短故障维修时间，提高电力系统的运行可靠性水平。

电力系统的运行实际表明，输电线路是否受气象因素影响与其所处的位置有关，与其运行的时间阶段有关。且即使同电压等级的输电线路，由于时空关系的差异，其受气象因素影响的程度也可能会有很大差异。为此，有必要从细化元件风险的角度出发，寻求描述输电线路自身的故障"个性"，从而为准确分析系统风险提供更翔实可信的依据。

本章从输电线路风险的描述方法出发，论述输电线路受气象灾害影响的个性化特点，将气象灾害对输电线路的影响归纳到输电线路的地理位置、时间阶段、主要成分这三个要素，提出表征三个要素的相关变量定义，并给出这些参数在系统风险评估中的应用案例。

3.2　输电线路气象风险表征

3.2.1　现有分天气状态的线路故障率模型

第 2.3 节已经分析指出了在现有的输电线路长期平均故障率统计方法中，通常元件修复时间 r 和故障频率 f 的数值较小，可以近似认为 $\lambda = f$，所以长期统计计算输电线路的平均故障率可表示为

$$\lambda \cong f = \frac{n}{T} \tag{3.1}$$

式中，n 为线路在研究时间区间内的故障总次数；T 为研究时间区间(此时间区间远大于修复时间 r)。

后来，别林登、阿伦等学者将气象因素考虑进输电线路故障率中，提出了分状态考虑气象条件，其基本思想是：将常规的年统计平均故障率按相应气象条件下的线路故障比例系数进行计算[54-56]。使用两态天气模型计算故障率的公式为

$$\lambda_{\text{no}} = \lambda_{\text{ave}} \cdot \frac{F_{\text{no}}}{U_{\text{no}}} \tag{3.2}$$

$$\lambda_{\text{ad}} = \lambda_{\text{ave}} \cdot \frac{F_{\text{ad}}}{U_{\text{ad}}} \tag{3.3}$$

式中，λ_{no}、λ_{ad} 分别为正常和恶劣天气状态下线路的故障率；λ_{ave} 为线路多年统计平均故障率；F_{no}、F_{ad} 分别为正常和恶劣天气状态下的线路故障次数占总故障次数的比例；U_{no}、U_{ad} 分别为正常和恶劣天气状态出现的比例。F 和 U 均由气象统计资料计算得到。

分两状态或三状态考虑的天气模型，对天气状态的定义比较模糊，不便统计分析。而大部分地区的输电线路均要经历一年四季多种气象灾害(如雷电、大风、山火、覆冰等)的影响，各类气象灾害具有明显的时空分布特性，有必要研究输电线路故障时空特征差异情况下的气象风险。

3.2.2 基于时空差异的线路气象风险表征

第 2.3.1 节给出了各类气象灾害条件下元件的故障率的计算式，那么在某种气象灾害下线路故障概率 p_x 为

$$p_x = \frac{\lambda_x}{\lambda_x + \mu_x} \tag{3.4}$$

式中，λ_x 为 x 类气象灾害下的线路故障率；μ_x 为 x 类气象灾害下的线路修复率。

定义输电线路气象风险，即气象造成线路故障概率和由此产生的输送能力损失的乘积

$$R = f(p,h) = p \times h \tag{3.5}$$

式中，R 为气象灾害对输电线路影响的风险值；p 为气象灾害造成输电线路故障的概率；h 为输送能力损失值。

因此，按不同气象灾害类型计算输电线路在某一时间区间里的气象风险，可以表示成

$$R_{Tx} = \int_{t_1}^{t_2} p_x(t) \times h(t)\mathrm{d}t \tag{3.6}$$

式中，$R_{Tx}(t)$ 为第 x 气象灾害在时间区间 $T=[t_1,t_2]$ 内对输电线路影响的风险值；$p_x(t)$ 为第 x 类气象灾害造成输电线路故障概率；$h(t)$ 为输送能力损失值。

如第 2.2 节所述，输电线路故障存在敏感性气象因素、地域空间特性、故障时间特征等差异，因此，需要提出新的特征指标来刻画这些故障特征差异，以便进一步精细化分析输电线路的气象风险[166]。

3.3　气象所致输电线路故障时空特征分析

3.3.1　输电线路故障的地域特征

1) 线路气象敏感度

不同地区的气候特征不一样，在不同季节里遭受的气象灾害冲击也不一样，因此有必要针对不同输电线路的故障风险与气象灾害进行关联评估，以便明晰不同输电线路对各种气象因素的敏感程度。

线路气象敏感度是指输电线路对某种气象因素的敏感程度，用某种气象因素造成的故障占输电线路总故障次数的比值表示，即

$$\rho_{kx} = \frac{n_{kx}}{n_k} \tag{3.7}$$

式中，n_{kx} 为线路 k 在气象条件 x 下故障的次数；n_k 为该条线路故障总次数。

2) 线路故障主导气象因素

为了揭示对关注的输电线路影响最大的气象灾害因素，提出线路故障主导气象因素。

线路故障主导气象因素是指线路气象敏感度最高的气象类型，即

$$\text{MFW} = \arg\max \rho(x) \tag{3.8}$$

式中，MFW 为导致线路故障次数最多的气象灾害因素；函数 $\arg\max \rho(x)$ 表示使函数 $\rho(x)$ 取到最大值时的所有自变量 x 的集合，即表示使输电线路气象敏感度达到最大值时的气象灾害因素的集合。

对于某一区域，希望评估其对各种气象灾害的敏感程度以及主导气象灾害时，将此处的输电线路改为具体的区域即可。

3) 线路故障次数差异

为了反映同一区域不同输电线路抵御气象灾害的能力差异，以便于运维和规划人员对差异化严重的线路实施针对性故障防御措施，从而有效降低线路运行风险，提出同电压等级下的输电线路故障次数差异指标。

　　线路故障次数差异是指在某种气象条件下某条线路故障次数与该区域内同一电压等级的输电线路故障次数平均值的差值，可表示为

$$E_{kx} = n_{kx} - \overline{n}_x = n_{kx} - \frac{1}{N_x} \sum_k n_{kx} \tag{3.9}$$

式中，E_{kx} 为气象条件 x 下同一电压等级的线路 k 的故障次数差异值，当 $E_{kx} > 0$ 时，表示该条线路抵御气象灾害的能力未达到平均水平或者该条线路是气象灾害高发线路，反之则相反；$\overline{n}_x$ 为区域内某电压等级线路在气象条件 x 下故障的平均次数；N_x 为区域内某电压等级线路在气象条件 x 下故障的线路条数。

　　4) 线路故障高风险区段识别

　　在常规输电线故障风险评价中，一条输电线路常被视为一个整体进行统计分析，但实际上输电线路是由线路段和杆塔组成，各线路段自身参数、所处地形和微气象等均可能存在较大差异。因此，提出线路故障高风险区段指标，旨在体现对整条输电线路故障风险影响较大的线路段，使风险薄弱环节的挖掘深入到线路段，同时为线路段的差异化设计以及技术改造提供参考。

　　线路故障高风险区段，是指由设定的距离长度所界定的，发生故障的次数占线路总故障次数的比例大于某一百分数（如 40%）的区间。假设一条线路存在故障点集合 $\{N_1, N_2, N_i, \cdots, N_j, \cdots, N_m\}$，由于一条线路可能存在多个故障高风险区段，线路故障高风险区段可用多个区间 $[N_i, N_j]$ 构成的集合表示，具体表达式为

$$\text{HRS} = \left\{ [N_i, N_j] \,\middle|\, \frac{j - i + 1}{m} > H, \ |N_j - N_i| \leqslant L \right\} \tag{3.10}$$

式中，N_i 为线路的第 i 个故障点；N_j 为线路的第 j 个故障点；m 为故障点总数；H 为设定的故障比例百分数；L 为设定的距离范围。

　　线路故障高风险区段识别就是寻找故障点聚集程度最高的区段，可以采用谱系聚类方法。谱系聚类法又被称作层次聚类法，它是一种对变量群进行分类的统计技术[167]。线路故障高风险区段聚类分析的基本思想是：以每次故障后的巡线记录的故障位置就近的杆塔号 N_i 为故障点（无巡线记录时采用故障测距对应的杆塔号），得到线路故障点集合 $\{N_1, N_2, \cdots, N_m\}$。先将 m 个故障点分别单独分成一类，之后计算各故障点之间的距离，选取距离最小的一类对合并成一个新类，计算在新的类别划分下各类之间的距离，然后将距离最近的两类合并，直到所有故障点聚成两类为止。

　　线路故障高风险区段谱系聚类的算法步骤如下：

(1) 初始分类。令 $k=0$，每个故障点单独分成一类，即 $G_i^{(0)} = \{N_i\}$，$i = 1, 2, \cdots, m$。

(2) 计算各类之间的最小距离 $D_{ij} = \min[d_{ij}]$，由此得到一个对称的距离矩阵 $\boldsymbol{D}^{(k)} = (D_{ij})_{n \times n}$，其中 n 为类的数目 (初始时 $n=m$)。

(3) 查找上一步得到的矩阵 $\boldsymbol{D}^{(k)}$ 中最小的元素，设它是 $G_i^{(k)}$ 和 $G_j^{(k)}$ 之间的距离，将 $G_i^{(k)}$ 和 $G_j^{(k)}$ 两类合并成为一类，由此得到新的聚类 $G_1^{(k+1)}$，$G_2^{(k+1)}$，$\cdots$，并令 $k=k+1$，$n=n-1$。

(4) 检查类的个数。如果类的个数 $n>2$，转至步骤 (2)；否则，停止。

根据谱系聚类的结果得到线路故障高风险区段谱系聚类图，按照设定的距离 L 和故障比例百分数 H 即可快速识别线路故障高风险区段。

3.3.2　输电线路故障的时间特征

1) 历史同期月故障率

传统风险与可靠性理论中，描述输电设备的可靠性基本参数采用的是多年长期统计的平均故障率。不同季节、不同月份电网面临的气象风险因素不同，在各个月份的风险水平起伏较大，且具有明显的时间分布特性，因此有必要根据历史同期月份计算线路的故障率，用以评估输电线路风险水平随时间的周期性和波动性特征。

历史同期月故障率是指输电线路在历史同期的月份的故障率，相关计算方法和公式参见式 (2.6) 和式 (2.7)。

2) 气象灾害作用停运时间

为了反映恶劣气象环境因素对故障输电设备的修复能力的影响，需要计算不同气象灾害作用下的停运时间。

气象灾害作用停运时间是指由该种气象灾害直接或间接引起的线路停运时间，可表示为

$$\mathrm{TTO}_{kix} = \mathrm{tr}_{ki} - \mathrm{tf}_{ki} \tag{3.11}$$

式中，TTO_{kix} 为输电线路 k 第 i 次故障的停运时间，x 为第 i 次跳闸的气象条件类型；tf_{ki} 为线路 k 第 i 次跳闸时间；tr_{ki} 为线路 k 第 i 次跳闸后恢复时间。

还可计算同一电压等级下多条线路在某一气象灾害作用下的平均停运时间，即

$$\text{MTTO}_x = \frac{\sum_k \sum_i \text{TTO}_{kix}}{n_x} \qquad (3.12)$$

式中，MTTO_x 为某一电压等级的输电线路在气象灾害 x 下的平均停运时间；n_x 为某电压等级线路在气象条件 x 下的故障总次数。

进一步可以找出对输电线路停运(维修)时间影响最严重的气象灾害因素，即

$$\text{MFR} = \arg\max \text{MTTO}(x) \qquad (3.13)$$

式中，MFR 为致使输电线路平均故障时间最长的气象灾害因素。

3) 故障时间间隔

为了反映在恶劣气象环境因素下输电线路的故障集中程度和气象灾害对线路的冲击影响程度，需要计算故障时间间隔。

故障时间间隔是指线路前后两次故障之间的时间间隔，可表示为

$$\text{TBF}_{ki} = \text{tf}_{ki} - \text{tf}_{ki-1} \qquad (3.14)$$

式中，TBF_{ki} 为线路 k 第 i 次与第 $i{-}1$ 次故障之间的时间间隔；tf_{ki} 为线路 k 第 i 次跳闸时间；tf_{ki-1} 表示线路 k 第 $i{-}1$ 次跳闸时间。

进一步可以计算输电线路的平均故障时间间隔，即

$$\text{MTBF}_k = \frac{1}{n-1}\sum_{i=1}^n \text{TBF}_{ki} \qquad (3.15)$$

式中，MTBF_k 为线路 k 的平均故障时间间隔；n 为线路 k 的总故障次数。

4) 短时故障聚集度

气象灾害的发生多是区域性的，如雷电、大风、冰雪等，其往往造成短时间内的多条线路跳闸，呈现较明显的故障"聚集效应"，使电网输电能力下降，甚至导致负荷削减。

短时故障聚集度是指某一电网在短时间内因某种气象条件导致的线路跳闸事件的聚集程度，可用限定的时间间隔内线路跳闸次数表示，即

$$\text{ST} = \text{Count}(i), \quad \text{tf}_i - \text{tf}_{i-1} \leqslant \Delta t \qquad (3.16)$$

式中，$\text{Count}(i)$ 为计数函数，满足条件时计数加 1，i 表示第 i 次跳闸事件；tf_i 为第 i 次跳闸时间；tf_{i-1} 为第 $i{-}1$ 次跳闸时间；Δt 为限定的短期失效间隔，可根据统计的不同气象灾害作用下停运时间，结合调度运行实际需求设定，如

关注雷电天气时，可设定 $\Delta t=10\sim30$min；关注冰雪天气时，可设定 $\Delta t=6\sim$ 12h。同时，对 ST>STH(STH 为设定的提示阀值)的情况进行提示，以便进一步分析其对电网运行风险的影响。

　　将气象相关的输电线路多因素故障特征统计模型和已有线路故障率统计评价模型的区别对照，列于表 3-1，可见已有的输电线路可用系数、运行系数、强迫停运系数、计划停运率、强迫停运率、连续可用小时数、暴露率等输电线路可靠性评价指标反映了输电线路的长期统计特征；本章提出的线路气象敏感度、线路故障主导气象灾害、线路故障次数差异、线路故障高风险区段、历史同期各月故障率、不同气象灾害停运时间、故障时间间隔、短时故障聚集度等的输电线路故障时空特征差异指标，可精细反映输电线路气象风险的时间特征及敏感性气象因素，可为差异化规划设计、调度运行、运维检修等提供实用的决策信息。

表 3-1　输电线路多因素故障特征统计模型与已有线路故障率统计模型的区别对照表

类型	已有线路故障率统计模型	本书模型
时间尺度	中长期(月、年)	历史同期的月、季、年
考虑的气象条件	两态或三态天气模型(正常、恶劣和灾难性天气)	多气象因素模型(雷电、大风、冰雪、山火、台风、暴雨等)
停运模式	独立停运，计划停运，多重停运	独立停运，多重停运(N–m)
模型表现形式	线路的长期平均故障率	线路在不同时间段、不同气象条件下的故障率
用途	预测输电线路的中长期平均可风险水平 电力系统规划方案比较 可靠性增强措施优化等	预测线路在不同时间尺度、不同气象条件下的运行风险水平 计及风险主导因素的电网时变风险评估 用于线路差异化设计和技改 用于线路运维决策等
应用方式	离线	离线/在线

3.4　实 例 分 析

　　以西南某省电网为例，该省气候兼具低纬气候、季风气候、山原气候的特点，主要气象灾害有雷电、干旱、山火、冰冻、洪涝以及气象衍生灾害等。该省电网共辖 16 个地区电网，以 2011～2014 年共 4 年的 110kV 及以上电压等级输电线路的 2428 次故障跳闸事件为样本，按照本章所提的输电线路故障时空特征差异指标和方法进行实例分析。

3.4.1　算例1：输电线路故障区域特征差异

1）线路气象敏感度分析

将输电线路故障信息和气象资料进行关联分析，可得各地区输电线路对不同气象条件的敏感度，如表 3-2 所示。

表 3-2　不同地区线路对各种气象灾害因素的敏感度

地区编号	雷电	山火	冰雪	风灾	鸟害	非气象原因
01	0.815*	0.015	0.000	0.000	0.000	0.169
02	0.607	0.158*	0.000	0.016	0.093*	0.126
03	0.557	0.156*	0.024	0.048	0.120*	0.096
04	0.736	0.038	0.000	0.038	0.038	0.151
05	0.200	0.120	0.040	0.180*	0.000	0.460*
06	0.587	0.098	0.005	0.033	0.033	0.245
07	0.396	0.082	0.009	0.082	0.054	0.378*
08	0.469	0.234*	0.000	0.109*	0.000	0.188
09	0.770	0.023	0.000	0.000	0.011	0.195
10	0.887*	0.015	0.000	0.015	0.000	0.084
11	0.551	0.033	0.023	0.070	0.112*	0.210
12	0.738	0.017	0.009	0.035	0.022	0.179
13	0.627	0.110	0.000	0.051	0.025	0.186
14	0.596	0.004	0.161*	0.030	0.026	0.184
15	0.926*	0.074	0.000	0.000	0.000	0.000
16	0.492	0.031	0.185*	0.092	0.031	0.169
平均值	0.622	0.075	0.029	0.050	0.035	0.203
均方差	0.182	0.064	0.056	0.046	0.039	0.125

表 3-2 中平均值一行表示该省网所有线路对各类气象条件的整体敏感度，对于高于"平均值+均方差"的地区，使用"*"进行标识，即该地区的输电线路对这类气象因素较其他地区更为敏感。

对于单条线路，例如某 220kV FJ 线，该条线地处山区、跨越雪山，冬季受冰雪影响，春季易受山火影响，夏季受大风、雷电影响，春秋季节候鸟迁徙时也受影响，对其 4 年中的 11 次故障进行气象因素敏感度分析，结果如表 3-3 所示，主导气象灾害因素为 MFW={冰雪}。

表 3-3　FJ 线对各种气象灾害因素的敏感度

因素	冰雪	雷电	风灾	山火	鸟害	其他
敏感度 ρ	0.364	0.182	0.182	0.091	0.091	0.090

2) 线路主导气象灾害分析

从表 3-2 中，根据式 (3.8) 可以分别找出各地区输电线路的主导气象灾害集，如 03 号地区输电线路按气象敏感度排序依次为雷电、山火、鸟害、风灾、冰雪，主导气象灾害 MFW={雷电}，而 05 号地区输电线路按气象敏感度排序依次为雷电、风灾、山火、冰雪，主导气象灾害 MFW={雷电}。可见，雷电是该省最主要的气象灾害，电网防雷和雷电期间的风险管控都需要格外重视。地处山区沿线的 02、03、05、08 号地区等山火灾害也是很突出，需要重点防护。

3) 线路故障次数差异评估

以该省中部地区 500kV 线路的山火故障为例，2011～2014 年间共有 16 条线路发生 32 次山火跳闸事件，其 $\bar{n}_{山火}=2$，对于线路故障次数差异指标 $E_{山火}>2$ 的线路，如 BQ 线 $E_{山火}=4$，说明其山火防护措施不足或者该线路附近是山火高发段，应引起相关部门重视；又如以 HP 变电站为圆心的辐射圆共发生了 7 次线路山火跳闸，以 BF 变电站为圆心的辐射圆共发生了 10 次线路山火跳闸，因此需特别注意 HP、BF 变电站附近范围的山火防范、应急等工作，以有效地减少线路山火跳闸率。

4) 线路故障高风险区段识别

采用 3.3 节中的线路故障高风险区段谱系聚类方法，对 FJ 线的故障高风险区段进行识别，如图 3-1 所示。

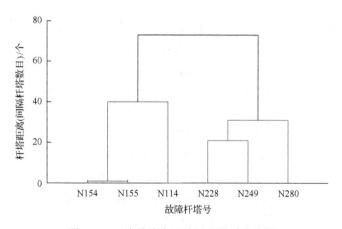

图 3-1　FJ 线故障高风险区段谱系聚类图

从图中可见，N114～N155 号、N228～N280 号为该线路的故障高发段。尤其是 N114～N155 段，跨越雪山、森林，多次发生冰闪、山火故障，该段线路占到整条线路故障比例的 63.64%，运维过程中需要重点防护。

3.4.2　算例 2：输电线路故障时间特性差异

1）历史同期各月故障率

14 号地区 500kV 线路的历史同期各月故障率柱状图如图 3-2 所示，其中横线表示归算到"次/（100km·月）"的平均值故障率。可以看出，1、7、8 月份的故障率要明显高于年平均值故障率，采用年平均值故障率指导电网运行方式与电网实际风险水平可能会有较大偏差。

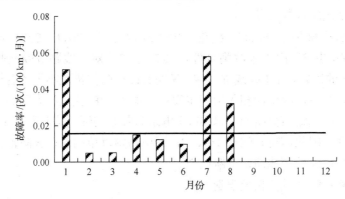

图 3-2　14 号地区 500kV 线路历史同期各月故障率

2）不同气象灾害作用下停运时间

对该省电网 500kV 线路在不同气象因素作用下的平均停运时间进行统计分析，得到不同气象灾害下的平均停运时间 MTTO，如表 3-4 所示。

表 3-4　不同气象灾害作用下的平均停运时间

因素	雷电	冰雪	山火	鸟害	风害	其他
MTTO/h	0.184	6.869	3.771	0	0.575	1.930

可见，对该省电网 500kV 线路停运时间影响最严重的气象灾害因素是 MFR={冰雪}。由于鸟害导致的跳闸均重合成功，所以平均停运时间为 0；而雷电情况下重合闸成功率达到 96.35%，故雷电情况下线路停运时间也很短，平均为 0.184h；大风情况下主要是风偏风电，常常重合不成功但经过强送电成功，故平均停运时间也相对较短，为 0.575h；山火导致的平均停运时间为 3.771h，这主要是由于山火导致的跳闸重合闸成功率很低，需要等到山火扑灭后才能恢复送电；最为严重的冰雪情况下，当出现覆冰舞动后，常常会损伤导线、地线及金具等，故平均停运时间最长，达到 6.869h。

3）故障时间间隔

以 14 号地区的 500kV 线路为例，GW 甲线的平均故障时间间隔 MTBF 为 1754h，亦即平均 73d 就会故障一次；ZY 甲线的 MTBF 为 2134h。电网运行、检修部门侧重关注线路的连续可用小时数和停运时间，故障时间间隔是连续可用时间和停运时间的综合，能全面呈现故障风险时间间隔特性，便于进行不同气象条件下输电网的可靠性评估。

4）短时故障聚集度

短时故障聚集度有多种情况：根据表 3-4 统计的不同气象条件下的平均停运时间，设定冰雪天气下 Δt=12h，雷电天气下 Δt=30min，并设定 STH=4 次。以主导气象灾害为雷电的 10 号地区为例，将短时故障聚集度 ST 超过 STH 的情况列于表 3-5。以主导气象灾害为冰雪的 14 号地区为例，将短时故障聚集度 ST 超过 STH 的情况列于表 3-6。

表 3-5　10 号地区雷电天气下短时故障聚集度

序号	开始日期	结束日期	短时故障聚集度 ST
1	2011-08-09	2011-08-09	6
2	2011-09-04	2011-09-04	5
3	2013-06-02	2013-06-02	4
4	2013-08-17	2013-08-17	4
5	2013-08-21	2013-08-21	5

表 3-6　14 号地区冰雪天气下的短时故障聚集度

序号	开始日期	结束日期	短时故障聚集度 ST
1	2012-01-27	2012-01-28	7
2	2012-01-30	2012-01-31	12
3	2014-12-19	2014-12-19	8

从表 3-5 和表 3-6 中可看出，雷电、冰雪等容易造成短时间多条线路停运，对这类气象敏感的区域，需要根据其灾害导致停运的时间和停电线路条数占总线路条数的比例设置 Δt 和 STH 阀值，对出现的"故障聚集"风险进行提示，以进一步评估其对电网风险的影响。

3.5　本 章 小 结

本章针对现有输电线路风险分析所用的故障特征，聚焦于同电压等级线路的整体性能，对系统运行过程中的在线风险防范指导性不强的问题，将气象灾害对输电线路的影响归纳到输电线路的地理位置、时间阶段、主要成分三个要素，提出了表征三个要素的相关变量定义，构建了气象相关输电线路的故障时空特征差异指标，可以反映输电线路受气象影响的地域性差异、个体性差异、影响因素差异以及短时性故障聚集效应等特征，通过某省电网的实际评价算例，得出如下结论：

（1）和已有线路可靠性统计评价模型相比，本章提出的输电线路气象敏感度、线路故障主导气象灾害、线路故障次数差异、线路故障高风险区段、历史同期各月故障率、不同气象灾害停运时间、故障时间间隔、短时故障聚集度等的输电线路故障时空特征差异指标，可精细反映输电线路气象风险的时间特征及敏感性气象因素，可为差异化规划设计、调度运行、运维检修等提供实用的决策信息。

（2）不同地区的输电线路对不同气象灾害的敏感程度不同，同一地区的不同输电线路对同一气象灾害的抵御能力存在差异，同一输电线路在不同区段的自身参数、所处地形和微气象等均可能存在较大差异，因此按区域和不同气象类型进行风险的差异化评价，更能准确地反映输电线路受气象环境影响的风险水平差异。

（3）不同气象灾害导致的线路故障风险存在较大的时间差异特性，可以通过历史同期故障频率、故障时间间隔来反映一年中不同时间段的风险水平，通过平均停运时间反映气象灾害的影响持续性。对于气象灾害多发的区域和时间段，需要特别重视短时间内的多条线路跳闸导致的故障风险"聚集效应"。

第4章 多气象因素组合的输电线路风险分析方法

4.1 引 言

前面两章研究了气象相关的输电线路故障的时空分布特征及风险差异特征，给出了相关评价指标和模拟方法，适合于中长期时间尺度的电网风险分析，可为差异化规划设计、调度运行、运维检修等提供实用的决策信息。在更短的时间尺度，或者输电线路跨越多个气象分区时，除了主导气象灾害以外，还可能伴随着其他气象灾害，例如夏季时雷电、大风、暴雨可能同时出现，冬季时冰雪和大风可能同时出现。因此，有必要研究多气象因素组合的输电线路风险分析方法。

本章将针对多气象因素组合作用时的模糊性和不确定性问题，以不同气象因素及其等级下的输电线路故障率模型为基础，提出一种基于灰色模糊理论的多气象因素组合的输电线路风险分析方法。将多种气象条件作为评判因素，建立不同评判等级的输电线路风险评判体系。通过三角隶属度函数来描述评判因素与风险等级间的模糊关系，并引入点灰度来描述模糊关系的不可信程度。在此基础上进行灰色模糊综合评判，得到了更贴近实际的评判结果，为输电线路短期风险分析及维修决策提供依据。最后，以某供电局为例进行风险分析，对所提方法的有效性进行检验。

4.2 计及不同气象因素及其等级的输电线路故障率模型

对于不考虑气象条件的电网可靠性模型，一条输电线路只涉及一个故障率。但对于考虑处在不同气象条件下的输电线路应有不同的故障率。文献[168]给出了不同气象条件下的故障率公式，但公式仅用于计算不同气象因素下的输电线路故障率，并没有考虑在一种气象因素条件下，由于气象等级不同其故障率存在的差异性，如10级风与1级风之间的故障率差异较大。因此，更为合理的方法是建立单气象因素在不同气象等级下的故障率模型，可用式(4.1)来求出。

$$\lambda_{ix_i} = \frac{N_{x_i}}{N_{ix_i}} \quad i = 1, 2, \cdots, n \tag{4.1}$$

式中，λ_{ix_i} 为第 i 种气象因素在气象等级 x_i 下输电线路的故障比率，是气象参数等级 x_i 的函数；N_{x_i} 为第 i 种气象因素在气象等级 x_i 下输电线路发生故障的次数；N_{ix_i} 为第 i 种气象因素下出现气象等级 x_i 的总次数；n 为气象因素的种类。

导致输电线路发生故障的气象因素很多，但根据电力部门多年的数据收集表明，引起线路故障的气象因素一般是雷电 m_1、覆冰 m_2、降雨 m_3、风 m_4、气温 m_5、台风 m_6、冰雹 m_7、雪 m_8。因此，本章就以这 8 种作为输电线路风险等级评判因素集，用故障比率作为每种气象因素在某种气象等级或气象预警等级下的评判取值。依据某地区供电局提供的故障数据与气象部门的气候资料，结合式(4.1)，得到各个气象因素在不同气象等级和气象预警等级下的故障比率，分别如表 4-1 和表 4-2 所示。

从式(4.1)可知，针对每一种气象因素，输电线路故障比率随着气象等级而变化的，如果输电线路处在单气象因素下，那么根据表 4-1 和表 4-2 就可以

表 4-1　各个气象因素在不同气象等级下的故障比率

雷电	等级	1 级	2 级	—	—	—	—
	故障比率	0.0038	0.05	—	—	—	—
覆冰	等级	1 级	2 级	—	—	—	—
	故障比率	0.0032	0.04	—	—	—	—
降雨	等级	小雨	中雨	大雨	暴雨	—	—
	故障比率	0.001	0.0038	0.03	0.05	—	—
风	等级	1 级	2 级	3 级	4 级	5 级	6 级
	故障比率	0.0014	0.0031	0.0043	0.008	0.06	0.08
气温	等级	低温	高温	—	—	—	—
	故障比率	0.0013	0.0045	—	—	—	—
台风	等级	1 级	2 级	3 级	4 级	5 级	6 级
	故障比率	0.002	0.0035	0.005	0.01	0.07	0.09
冰雹	等级	1 级	2 级	3 级	—	—	—
	故障比率	0.0028	0.0033	0.035	—	—	—
雪	等级	1 级	2 级	3 级	—	—	—
	故障比率	0.003	0.008	0.045	—	—	—

注：表 4-1 和表 4-2 里所列故障比率为根据 10 多年前的气象标准对应的气象等级、气象预警等级统计计算的数据，由于我国现行气象灾害预警等级划分标准有变，因此使用该方法时需根据最新的标准进行统计计算。

表 4-2　各个气象因素在不同气象预警等级下的故障比率

雷电	预警等级	—	黄色	橙色	红色
	故障比率	—	0.52	0.70	0.84
覆冰	预警等级	—	黄色	橙色	红色
	故障比率	—	0.35	0.44	0.62
降雨	预警等级	—	黄色	橙色	红色
	故障比率	—	0.08	0.02	0.42
风	预警等级	蓝色	黄色	橙色	红色
	故障比率	0.12	0.24	0.44	0.64
气温	预警等级	高温	黄色	橙色	红色
	故障比率	0.0045	0.0061	0.0082	0.02
台风	预警等级	蓝色	黄色	橙色	红色
	故障比率	0.13	0.35	0.53	0.68
冰雹	预警等级	—	—	橙色	红色
	故障比率	—	—	0.12	0.34
雪	预警等级	—	—	橙色	红色
	故障比率	—	—	0.35	0.65

确定线路所处的风险等级。而对于一条完整的输电线路，一般处于多种气象组合的综合气象中，即包含了不同的气象因素，也包含了不同的气象等级。因此，以表 4-1 的数据为基础，对处在多气象因素中的输电线路风险做出评判是非常有必要的，将有助于电力部分进行风险分析及制定维修策略。

4.3　多气象因素的线路故障风险灰色模糊综合评判模型

4.3.1　建立综合评判模型的基本思路

在统计分析各个气象因素在不同气象等级下的故障比率时，由于各个气象因素的信息充分度各不相同，使其具有很大程度的灰色性，如雷电数据可以直接测量获得，而覆冰只能通过其他气象信息推断获得。同样，依据天气预报得到的下一时段气象条件，由于气象条件的复杂多变性和多样性，使下一时段综合气象具有一定的模糊性。因此，采用灰色模糊综合评判可使评判结果更加客观可信[169,170]。其评判的基本步骤如下：

(1)建立与输电线路故障率有关的气象评判因素集。

（2）根据下一时段的气象条件，获取各个气象因素的故障比率。

（3）通过经典的隶属度函数来表征因素集与评判集之间的模糊关系，通过建立灰色模糊评判矩阵 $\tilde{R}$ 来衡量各因素所能收集的信息量的不同。

（4）利用改进的层次分析法确定权重集 $\tilde{W}$。

（5）利用灰色模糊理论进行输电线路风险等级综合评判。

（6）处理评判结果。

4.3.2　表示评判结果等级的评判集的建立

评判集的等级划分视实际情况而定，等级太少会影响评判精度，太多则将增加运算的复杂度。本章将输电线路的风险等级划分为 4 个等级，即 $V=\{V_1,V_2,V_3,V_4\}$，集合中各元素依次对应高风险、较高风险、一般风险和低风险[79]。

4.3.3　灰色模糊评判矩阵的建立

1）模糊部分的确定

在模糊理论中，隶属度函数用来表征因素集与评判集之间的模糊关系，其中，对于定量描述因素采用连续性赋值，对于定性描述因素则采用离散化赋值[171,172]。本章使用三角隶属函数来计算评判因素集中 8 个气象因素的隶属度，三角隶属度函数表现形式简单，适宜工程计算，并且经验证发现，与其他的复杂形式隶属度函数得出的结果差别较小[173-175]。如图 4-1 所示，纵坐标 $\mu(x)$ 为 x 相对应的隶属度，横坐标 x 表示评判因素集中各气象因素故障比率的实际取值。图中，$x_1<x_2<x_3<x_4$；$x_3\sim+\infty$、$x_4\sim x_2$，$x_3\sim x_1$、$x_2\sim 0$，分别对应评判集中的 $V_1\sim V_4$ 4 个等级，而 x_4、x_3、x_2、x_1 分别表示 $V_1\sim V_4$ 4 个等级的阈值，取值根据统计数据和电力部门的具体情况而定，由线路运行情况和可靠性数据库得到（见算例）。

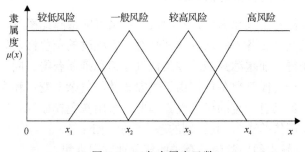

图 4-1　三角隶属度函数

根据图 4-1，各风险等级的相对于 4 个评判等级的隶属度为

$$\mu_1(x) = \begin{cases} 1, & x \geqslant x_4 \\ (x-x_3)/(x_4-x_3) & ,x_3 \leqslant x < x_4 \\ 0, & x < x_3 \end{cases} \tag{4.2}$$

$$\mu_2(x) = \begin{cases} (x_4-x)/(x_4-x_3) & ,x_3 \leqslant x < x_4 \\ 0 & ,x \leqslant x_2,x \geqslant x_4 \\ (x-x_2)/(x_3-x_2) & ,x_2 < x < x_3 \end{cases} \tag{4.3}$$

$$\mu_3(x) = \begin{cases} (x_3-x)/(x_3-x_2) & ,x_2 \leqslant x < x_3 \\ 0 & ,x \leqslant x_1,x \geqslant x_3 \\ (x-x_1)/(x_2-x_1) & ,x_1 < x < x_2 \end{cases} \tag{4.4}$$

$$\mu_4(x) = \begin{cases} 0, & x \geqslant x_2 \\ (x-x_3)/(x_4-x_3) & ,x_1 \leqslant x < x_2 \\ 1, & x < x_1 \end{cases} \tag{4.5}$$

因此，根据图 4-1 及式(4.2)～式(4.5)，结合下一时段各气象因素故障比率的实际取值，可确定灰色模糊评判矩阵 $\tilde{\boldsymbol{R}}$ 中的模糊部分，而灰色部分由下节确定。

2) 灰色部分的确定

在确定模糊部分时，各评判因素所能收集到的信息量不同，会造成所确定的模糊关系也存在不可信度。考虑到这种不可信度对风险等级判断的影响，在模糊关系矩阵中引入灰色部分，并使用一些描述性的语言来对应一定的灰度范围，将信息分成很充分、比较充分、一般、比较贫乏、很贫乏 5 类，分别对应灰度值 0～0.2、0.2～0.4、0.4～0.6、0.6～0.8、0.8～1.0。

3) 权重集的确定

由于各因素对线路故障的影响程度不尽相同，将各因素用权重的方式来定量反映在整体风险等级评判中所占的比重。本章采用改进的层次分析法[176]来处理各气象因素权重的确定方法，即把要解决的问题分为 2 层，目标层为输电线路风险等级，下一层为可能导致线路故障的 8 个气象因素，权重集的确定简化为确定 8 个气象因素的权重。根据专家经验对 $m_1 \sim m_8$ 相对于风险等级的相对重要性两两比较，按表 4-3 所示 1～9 标度表示。

表 4-3　　1～9 标度表

重要尺度	含义
1	同等重要
3	稍重要
5	相当重要
7	非常重要
9	极端重要
2，4，6，8	上述等级之间的情况

将两两比较的结果写成判断矩阵 A。其中，元素 $a_{ij}(i,j=1,2,\cdots,n)$ 表示评判因素 m_i 与 m_j 相比较的结果，且 $a_{ij}=1$。当 $i\neq j$ 时，$a_{ij}=1/a_{ji}$，即标度具有互反性。例如气象条件为低温，雷电黄色预警，大雨，5 级大风，依据表 4-2 构造的判断矩阵为

$$A = \begin{bmatrix} 1 & 7 & 3 & 3 & 8 & 6 & 5 & 7 \\ 1/7 & 1 & 1/5 & 1/6 & 2 & 1/3 & 1/2 & 2 \\ 1/3 & 5 & 1 & 1/2 & 5 & 3 & 4 & 6 \\ 1/3 & 6 & 2 & 1 & 6 & 6 & 5 & 5 \\ 1/8 & 1/2 & 1/5 & 1/6 & 1 & 1/5 & 1/4 & 1 \\ 1/6 & 3 & 1/3 & 1/6 & 5 & 1 & 1/3 & 4 \\ 1/5 & 2 & 1/4 & 1/5 & 4 & 3 & 1 & 4 \\ 1/7 & 1/2 & 1/6 & 1/5 & 1 & 1/4 & 1/4 & 1 \end{bmatrix} \tag{4.6}$$

确定判断矩阵后，推导得到拟优矩阵 A^*，利用方根法求得 A^* 的特征向量，具体求解步骤见文献[176]。取点灰度为 0.3，可得权重集为

$$\tilde{W} = [(0.3445,0.3),(0.0384,0.3),(0.1732,0.3),(0.2456,0.3), \\ (0.0242,0.3),(0.0668,0.3),(0.0823,0.3),(0.0250,0.3)] \tag{4.7}$$

式中，8 个元素分别对应气象因素 $m_1 \sim m_8$。以第 1 个元素为例，对应于"雷电"的权重为 0.3455，其相对应的点灰度为 0.3。

4.3.4　灰色模糊综合评判

输电线路的风险等级评判是对综合气象因素引起的风险变化趋势的分析，在模糊部分运算中采用 $(\bullet,+)$ 算子，而灰色部分运算中采用 $(\odot,+)$ 算子，

结合文献[172]，合成的综合评判结果为

$$\tilde{\boldsymbol{B}} = \tilde{\boldsymbol{W}} \bullet \tilde{\boldsymbol{R}} \left\{ \sum_{i=1}^{n} w_i \bullet \mu_{it} \prod_{i=1}^{n} \left[1 \wedge (v_i + v_{it}) \right] \right\}_{1 \times 4} \tag{4.8}$$

式中，$\tilde{\boldsymbol{W}}$ 为权重集；$\tilde{\boldsymbol{R}}$ 为与之对应的灰色模糊评判矩阵；w_i、v_i 为各指标的权重及对应点灰度；μ_{it}、v_{it} 为各指标的隶属度及对应点灰度；t=1,2,3,4。

4.3.5　评判结果的处理

对评判结果的处理一般采用两种方法：①采用区间数的形式，转化为排序可能性矩阵，最后确定出可能性最大的评判因素，但是此方式计算较复杂；②直接利用隶属度最大原则和点灰度最小原则进行判断，但此方法在隶属度最大且点灰度也较大时很难下结论。

针对这些不足，本章采用内积法和最大隶属度相结合的方法进行处理。假设 b_i 是 $\tilde{\boldsymbol{B}}$ 的第 i 个向量，若令 $d_i=1-v_i$，其中 v_i 表示灰度，则 d_i 表示 b_i 的可信度。若令 $\boldsymbol{b}_i=(\mu_i, d_i)$，综合评判 $\tilde{\boldsymbol{B}}$ 是由 b_i 的大小来确定，并可以简化为求解范数来比较大小，有

$$\|\boldsymbol{b}_i\| = \sqrt{[b_i, b_i]} \tag{4.9}$$

式中，$[b_i, b_i]$ 为向量 $\boldsymbol{b}_i$ 的内积。至此，可根据 $\|\boldsymbol{b}_i\|$ 和最大隶属度原则得出综合评判结论。

4.4　算 例 分 析

以某地区供电局管辖的 220kV 输电线路为例，应用本章提出的方法对其风险等级进行分析。

(1)根据下一时段的气象因素，假设为高温、雷电黄色预警、大雨、5 级大风，下一时段不出现的气象因素为默认 1 级，结合表 4-1 和表 4-2，可得到如表 4-4 所示的该线路各气象因素故障比率。

(2)建立评判因素集。M={雷电 m_1,覆冰 m_2,降雨 m_3,风 m_4,气温 m_5,台风 m_6,冰雹 m_7,雪 m_8}。

(3)建立评判参考标准。针对风险等级的 8 个评判因素，根据输电线路运行、维修历史记录及相关数据库，并假设图 4-1 中 $x_1 \sim x_4$ 取值分别为 8、6、4、2，得出风险等级评判因素的评判标准，见表 4-5。

表 4-4 各气象因素下的线路故障比率

气象因素	故障比率
雷电 m_1	0.52
覆冰 m_2	0.032
降雨 m_3	0.03
风 m_4	0.06
气温 m_5	0.0014
台风 m_6	0.002
冰雹 m_7	0.0028
雪 m_8	0.003

表 4-5 风险等级评判因素的评判参考标准

评判因素	不同风险等级的评判标准			
	V_1	V_2	V_3	V_4
m_1	≥0.5	0.05～0.5	0.003～0.06	≤0.003
m_2	≥0.3	0.03～0.3	0.003～0.04	≤0.003
m_3	≥0.04	0.01～0.05	0.002～0.2	≤0.002
m_4	≥0.1	0.05～0.2	0.002～0.06	≤0.002
m_5	≥0.01	0.005～0.01	0.002～0.008	≤0.002
m_6	≥0.09	0.06～0.1	0.003～0.007	≤0.003
m_7	≥0.06	0.01～0.08	0.002～0.02	≤0.003
m_8	≥0.08	0.04～0.1	0.003～0.06	≤0.003

(4)建立各因素的灰色模糊评判矩阵。根据表 4-5，将表 4-3 的各个气象因数故障比率实际值代入式(4.2)～式(4.5)可得各个气象因素对应各隶属度的值，并根据信息充分程度确定其灰度，得到一个 8×4 灰色模糊评判矩阵 $\tilde{R}$，见表 4-6。

(5)进行灰色模糊综合评判，由式(4.8)可得

$$\tilde{B} = \tilde{W} \bullet \tilde{R} = \big[(0.3704, 0.0011), (0.3849, 0.0117), (0.1778, 0.0047),$$
$$(0.0669, 0.0017)\big] \tag{4.10}$$

(6)处理评判结果。依据式(4.9)，对得到的综合评判向量取范数得 $\|b_1\| = 1.0653$，$\|b_2\| = 1.0607$，$\|b_3\| = 1.0110$，$\|b_4\| = 1.0005$。根据最大隶属度原则可以判断该线路的风险级别为"高风险"。可以看出，若仅就隶属度来评判，该风险等级应属于"较高风险"，但由于该隶属度所对应的灰度较大，说明该隶属度并不可信，而基于灰色模糊综合评判的结论更加可信。

表 4-6　风险等级评判的灰色模糊评判矩阵

评判因素	隶属度及相应点灰度			
	高风险	较高风险	一般风险	低风险
m_1	(1,0.2)	(0,0.3)	(0,0.4)	(0,0.2)
m_2	(0,0.3)	(0,0.3)	(0.625,0.2)	(0.375,0)
m_3	(0.15,0.2)	(0.85,0.2)	(0,0.3)	(0,0.4)
m_4	(0,0)	(0.75,0.2)	(0.25,0.3)	(0,0.3)
m_5	(0,0)	(0,0)	(0.35,0.2)	(0.65,0.3)
m_6	(0,0.1)	(0,0.3)	(0.6,0.2)	(0.4,0)
m_7	(0,0)	(0.65,0.5)	(0.35,0.3)	(0,0)
m_8	(0,0.3)	(0,0.2)	(0.6,0)	(0.4,0.2)

注：各元素 1 分量表示隶属度，第 2 分量表示灰度。

4.5　本 章 小 结

　　针对多气象因素组合情况下的输电线路风险分析问题，本章在影响输电线路安全的主要气象因素的故障率模型的基础上，应用灰色模糊理论，构建了多气象因素组合的输电线路风险评判方法，由此可利用气象预报数据对未来时段输电线路风险做出综合评判，为制定安全预案和事故处理对策提供依据。

第 5 章　计及气象敏感类线路时变故障率的
电网风险评估

5.1　引　　言

　　电力系统的停电事故往往是由发输电设备的故障引起，输电系统一旦故障可能导致大范围的停电，造成严重的社会和政治经济影响。第 3 章分析表明，在恶劣天气条件下，各种影响输电设备运行可靠性的气象灾害，如雷电、覆冰等将会引发"故障聚集"现象，使输电设备的故障率显著增加，因而，在输电系统评估中考虑恶劣气象因素的影响是十分必要的[177]。由于输电网覆盖面广，地形与气象分布并不均匀，各元件(主要是输电线路)全年所处天气状态存在较大差异，所以有必要计及气象敏感的输电线路时变故障率对电网风险的影响，以便更客观地反映电网可靠性水平随气象条件的变化。

　　已有研究考虑气象因素对电网风险的影响，主要是分状态考虑气象因素对输电线路故障率的影响，将常规的年统计平均故障率按相应气候条件下的线路故障比例进行修正。别林登、阿伦等假设设备在各状态下的故障率和修复率都是常数，提出了正常气候和恶劣气候的二态模型[53,54]，其中对设备故障率几乎无影响的为正常气候，对设备故障率影响大的为恶劣气候，如暴风、雷雨、冰雪等。三态模型是进一步将恶劣气候分为恶劣气候和灾难气候[56]。此外，亦有研究考虑在某一种气象条件下的故障率估算或基于气象预报的故障率预测[76-86]，并据此进行电力系统风险评估。然而，大部分地区的输电线路均要经历一年四季多种气象环境因素的作用，仅以个别因素或少量状态来描述输电线路的风险水平仍然不够完整，也难以反映一年内不同时期线路风险水平的变化。

　　为此，本章在前 3 章分析气象相关的输电线路故障时空特征指标及计算方法的基础上，研究计及气象敏感类线路时变故障率的电网风险评估方法。首先，在常用的电网充裕性指标的基础上，提出不同时间尺度和不同气象因素下的电网风险指标。然后，介绍如何根据气象敏感线路的时变故障率评估时空环境相依的电网风险。最后，采用某省电网和 IEEE-RBTS 测试系统作为算例，验证计及气象敏感类线路故障时变特性的电网风险评估方法的有效性。

5.2　计及时间及气象因素的电网风险指标

5.2.1　常用的电网充裕性指标

目前，电网风险评估通常采用系统全年的充裕性指标衡量系统风险。对充裕性指标而言，又分为负荷点指标和电网指标两类。负荷点指标是对电网中的每个负荷点而言，表明故障的局部性影响，并可作为下一级电网可靠性评估的依据；电网指标则是全局性的，表明故障对整个电网的影响。充裕性指标反映的是研究时间段内发输电网在静态条件下电网容量满足负荷电力和电能量需求的程度。目前常见的充裕性指标的定义及公式如下[59,179]。

(1) 失负荷概率 LOLP(Loss of Load Probality)，给定时间区间内系统不能满足负荷需求的概率。

$$\text{LOLP} = \sum_{i \in S} \frac{m(i)}{M} = \sum_{i \in S} P_i \tag{5.1}$$

式中，P_i 为系统处于状态 i 的概率；M 为系统状态抽样总数；$m(i)$ 为抽样中系统状态 i 出现的次数；S 为系统失效状态集。

(2) 失负荷时间期望值 LOLE(Loss of Load Expectation)，给定时间区间内系统不能满足负荷需求的小时或天数的期望值，单位一般为 h 或天。

$$\text{LOLE} = \sum_{i \in S} P_i T \tag{5.2}$$

式中，S 为给定时间内不能满足负荷需求的系统状态集；T 为给定时间区间的小时数或天数。

(3) 失负荷频率 LOLF(Loss of Load Frequency)，给定时间区间内系统不能满足负荷需求的次数，单位一般为次/年。

$$\text{LOLF} = \sum_{i \in S} F_i \tag{5.3}$$

式中，F_i 为系统处于状态 i 的频率。

(4) 每次失负荷的持续时间 LOLD(Loss of Load Duration)，给定时间区间内系统不能满足负荷需求的平均每次持续时间，单位为 h/次。

$$\text{LOLD} = \frac{\text{LOLE}}{\text{LOLF}} \tag{5.4}$$

(5) 电力不足期望值 EDNS(Expected Demand Not Supplied),系统在给定时间区间内因发电容量短缺或电网约束造成负荷需求电力削减的期望数,单位为 MW。

$$EDNS = \sum_{i \in S} C_i P_i \tag{5.5}$$

式中,C_i 是状态 i 的条件下削减的负荷功率失负荷量。

(6) 电量不足期望值 EENS(Expected Energy Not Supplied),系统在给定时间区间内因发电容量短缺或电网约束造成负荷需求电量削减期望数,单位为 MW·h/a。

$$EENS = \sum_{i \in S} C_i P_i T = \sum_{i \in S} C_i F_i D_i \tag{5.6}$$

式中,F_i 为系统处于状态 i 的频率;D_i 为状态 i 的持续时间。

系统充裕性指标中最常用的是失负荷概率 LOLP、失负荷频率 LOLF 和电量不足期望值 EENS,其数值越大,说明系统充裕性越低;反之,系统充裕性越高。

5.2.2　不同时间尺度下的风险指标

前述失负荷概率、失负荷频率、电量不足期望值等常规的电网充裕性评估指标,均是衡量较长研究周期内(如年度)电网的平均风险指标,其应用于较长时间尺度的电网规划和设计是合适的,且已广泛使用。但是,年度平均指标以平均数的形式消除了很多有用信息,掩盖了个体(如不同月份)间的差异,限制了对电网风险的深入分析与薄弱环节信息的充分挖掘。因此,本章在常规可靠性指标的形式基础上提出了基于不同时间尺度和基于不同气象因素(5.2.3 节)的电网风险指标,可以明晰在不同时间段的不同气象灾害对电网的影响程度,以便采取有针对性的防范、技改措施提高电网运行可靠性水平[178]。以失负荷概率、失负荷频率和电力不足期望值为例。

1) 电网逐月失负荷概率

$$LOLP(m) = \sum_{i \in S_m} P_i \quad m = 1, 2, \cdots, 12 \tag{5.7}$$

式中,m 为相应的月份。

需要说明的是,由于每个月份的电网元件失效率和修复率是多个统计年份在特定月份的平均值,即在各个月份其失效率和修复率为常数。在进行蒙特卡罗模拟时，相邻年之间的每个月份虽然在时序上是不连续的，但由于其失效率和修复率都是确定不变，可以把不同年份的多个同期月份当做连续时序进行统计分析。

2)电网逐月期望失负荷频率

$$\text{LOLF}(m) = \sum_{i \in S_m} F_i \tag{5.8}$$

3)电网逐月电量不足期望值

$$\text{EENS}(m) = \sum_{i \in S_m} C_i P_i T_k \tag{5.9}$$

对于以季节为时间尺度的可靠性指标，与以月份为时间尺度的类似，这里不再赘述。根据统计数据可以获取不同电压等级的设备在不同月份的失效率和修复率，利用蒙特卡罗模拟即可以得出电网在不同时间尺度下的充裕性指标，以满足不同时间尺度的动态风险分析需求。

值得注意的是，尽管在表现形式上与常规充裕性指标类似，但是基于不同时间尺度的充裕性指标包含信息更多、应用途径和范围更广，已经具有其独特的意义和更深的内涵。例如，通过风险指标的环比分析，即对同年度各时间区间(季节、月份)的充裕性指标进行比较，能揭示年内各时期电网可靠性的增减变化情况，并可按此找出一年中可靠性最薄弱的时期，消除常规年均风险指标给电力人员造成的误导，对提升电网运行可靠性更富有指导意义。通过风险指标的同比分析，即对历年同期时间(季节、月份)的充裕性指标进行比较，可以发现之前的可靠性技改工作是否得当、效果是否明显，进而总结经验教训，促进电网可靠性提升技术的发展与进步。

5.2.3　不同气象因素下的风险指标

一个实际的电网中会有许多负荷点，电网的充裕性指标除了要考虑发电容量的充足度外，还要反映通过输电网络送到用电负荷点的能力。在不同气象灾害下，更需要关注输电线路故障对负荷点造成的影响，因此需要用到的基本参数是各气象因素下的线路故障概率和频率[178]。以不同气象因素下的失负荷概率、失负荷频率和电力不足期望值为例。

1)x 天气下的失负荷概率 LOLP_x

$$\text{LOLP}_x = \sum_{i \in S} P_{xi} \tag{5.10}$$

式中，LOLP_x 为 x 天气下系统的失负荷概率，$x \in \{$雷电,台风,大风,冰雪,高温,暴雨,山火等$\}$；P_{xi} 为 x 天气下的系统处于状态 i 的概率。

2)x 天气下的失负荷频率 LOLF_x

$$\mathrm{LOLF}_x = \sum_{i \in S} F_{xi} \tag{5.11}$$

式中，LOLF_x 为 x 天气下系统的失负荷频率；F_{xi} 为 x 天气下系统处于状态 i 的频率。

3)x 天气下的电量不足期望值 EENS_x

$$\mathrm{EENS}_x = \sum_{i \in S} C_{xi} P_{xi} T_x \tag{5.12}$$

式中，EENS_x 为 x 天气下系统的电量不足期望；T_x 为给定时间区间内 x 天气的总持续时间。

通过对不同气象因素下的电网风险进行排序，可以辨别给定时间区间内气象因素对电网可靠性的影响差异，并明晰给定时间区间内对可靠性影响最大的气象因素，可以在条件允许的情况下进行技术改造，提高电网抵御该气象灾害的能力；在条件限制的情况下则加强该时间段内电网对该气象因素的防范，做好事故预想、查漏消缺、检修准备等工作，进一步增强电网的运行可靠性水平。

5.3　时空环境相依的电网风险评估流程

在气象相关的输电线路故障时空特征指标及计算方法的基础上，进行时空相依的电网风险分析，主要思想是：通过气象敏感度分析确定主导气象灾害，细化研究时间尺度并按主导气象灾害计算线路故障频率和强迫停运时间（修复时间），以主导气象灾害下的故障率代替平均值故障率分析电网时变风险，并对高风险区域和月份的输电线路按短时故障聚集度进行 N–m 风险分析[180]。时空相依的电网风险分析的主要步骤如下：

(1)根据输电线路故障样本计算线路气象敏感度，确定主导气象灾害类型。

(2)确定研究时间尺度，在研究时间区间里计算线路平均故障率、故障时间间隔。

(3) 计算研究时间区间内各类气象灾害下的线路故障率、强迫停运时间。

(4) 根据不同气象灾害下线路强迫停运时间确定修复时间(修复率)。

(5) 在研究时间区间内根据线路故障率、修复率计算线路故障概率。

(6) 分别获取电网的网架结构、负荷数据、发电机组数据等其他可靠性数据。

(7) 根据短时故障聚集度,确定该气象类型和时段内是否进行 N-m 故障抽样。

(8) 采用状态抽样法对系统进行模拟,分析系统状态,计算节点和系统风险指标。

此外,如果重点关注电网风险的时变特征,在缺乏分气象类型统计故障率的足量样本时,也可在平均值故障率的基础上,采用故障率分布函数求取输电线路时变故障率,用于分析电网的时变风险。例如,以月为时间尺度,输电线路第 m 月的故障率为

$$\lambda(m) = \lambda_{\mathrm{ave}} \times f(m) = \lambda'_{\mathrm{ave}} \times 12 \times f(m) \tag{5.13}$$

式中, λ'_{ave} 为平均值故障率,次/(100km·月); $f(m)$ 为各月故障率分布函数,其中 $m=1,2,\cdots,12$。

输电线路的可靠性模型用两状态马尔可夫过程表示,即可用状态(Up)和不可用状态(Down),相应的一个月内出现不可用状态的概率为

$$P_{\mathrm{Down}} = \frac{\lambda(m)}{\lambda(m)+\mu} = \frac{f \times \mathrm{MTTR}}{30 \times 24} = \frac{\lambda(m) \times \mathrm{MTTR}}{720} \tag{5.14}$$

式中, μ 为修复率,次/月;MTTR 为平均修复时间,h; f 为失效频率,次/(100km·月)。由于失效频率 f 和平均修复时间 r 的数值很小,此处使用故障率 λ 代替失效频率 f [179]。

计及输电线路故障率时间分布特性的输电网风险评估流程如图5-1所示。

与过去的方法相比,该方法的主要改进体现在考虑气象因素影响时,将季节性周期变化的气象灾害作用导致输电线路故障率也是时变的这一主要特征,处理成使用函数拟合得到输电线路时变故障率,用以评估电网风险水平随时间变化的规律。这样既考虑了气象因素的作用,又考虑了故障率随时间变化的特点,能够更好反映电网风险水平的时变特征。

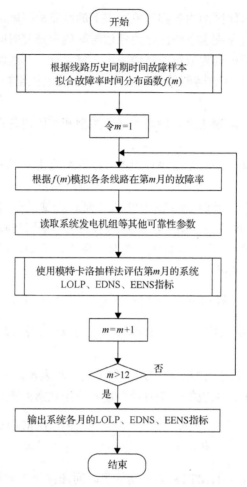

图 5-1　计及输电线路故障率时间分布特性的输电网风险评估流程图

5.4　算　例　分　析

5.4.1　算例 1：计及不同气象因素的电网风险

应用输电线路故障的时空特征指标，以 3.4 节介绍的某省公司的 500kV 电网为对象，评估其在不同气象因素的风险水平，对所提方法的效果进行检验。由 3.4 节分析结果发现该省电网的线路气象敏感度前两位分别是雷电、山火，即该省电网的主导气象灾害是雷电与山火。该省公司的 500kV 电网，共有 43 个节点、83 条线路，其网架结构如图 5-2 所示。图中虚线区域多为山区，为雷电和山火多发区域，共有 25 条线路。

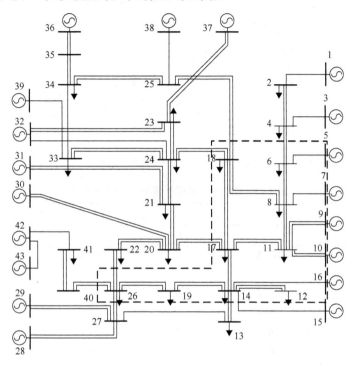

图 5-2　西南某省电网 500kV 网架结构

1) 参数准备

在进行电网风险分析前，需要将不同时间尺度统计的故障率归算到统一时间尺度。用传统的统计模型计算得出线路的年平均故障率为 0.131982 次/(100km·a)，归算到月时间尺度，则月平均值故障率为 0.010999 次/(100km·月)。

按历史同期时间计算的输电线路逐月故障率如图 5-3 所示。由图 5-3 可以看出，2~5 月份的故障率要明显高于平均值故障率，如果采用年均值可靠性水平指导电网运行，则与电网实际风险水平相比可能差异较大。

对于图 5-2 中虚线区域中雷电和山火多发区域的 25 条线路，由式(2.5)计算线路在不同气象灾害条件下的月故障率，统计了雷电和山火在不同月份的 α 和 β，如表 5-1 所示，故障率计算结果如表 5-2 和图 5-4 所示。

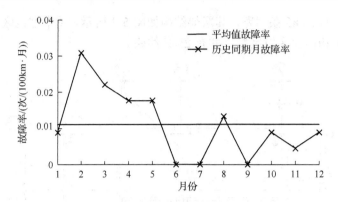

图 5-3　输电线路的逐月故障率曲线

表 5-1　雷电和山火在不同月份内的 α 和 β

月份	雷电		山火	
	α	β	α	β
1	0.0018	0	0.0054	0
2	0	0	0.0476	1
3	0.0072	0.2	0.0269	0.80
4	0.0148	0	0.0333	0.75
5	0.0161	0.25	0.0161	0.35
6	0.0259	0	0	0
7	0.0376	0	0	0
8	0.0538	0.33	0	0
9	0.0537	0	0	0
10	0.0036	0.5	0.0054	0.5
11	0.0037	1	0	0
12	0	0	0	0

表 5-2　灾害天气下输电线路故障率选取　　　　　单位：次/(100km·月)

月份	虚线框内线路		其余线路
	雷电条件下	山火条件下	
1	0	0	0.008799
2	0	0.646975	0.030796
3	0.611028	0.654186	0.021997
4	0	0.396351	0.017598
5	0.273261	0.382565	0.017598

续表

月份	虚线框内线路		其余线路
	雷电条件下	山火条件下	
6	0	0	0
7	0	0	0
8	0.080954	0	0.013198
9	0	0	0
10	1.222083	0.814722	0.008799
11	1.188919	0	0.004399
12	0	0	0.008799

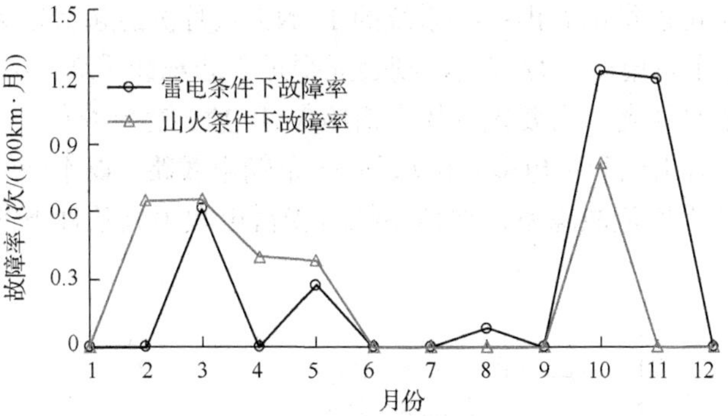

图 5-4　灾害天气下输电线路逐月故障率曲线

对比图 5-3 和图 5-4，可以看出，在灾害天气下线路故障率比平均值故障率高出一个数量级，这主要是因为按灾害性天气计算故障率时，故障被聚集到发生灾害性天气的较短时间内。值得注意的是，线路在雷电多发的月份故障失效率较低，而在不常发生雷电的季节故障失效率较高，这是因为，在雷电多发的夏季(6～8 月份)，普遍采用重合闸投入，且在雷雨天气允许强送；而非雷雨季节重合闸不成功时不允许强送。山火多发生在春秋两季，其故障率要明显高于夏季，集中在 2、3 月份和 10 月份，因为这几个月份该省干燥少雨，易发生山火。

2) 评估结果及分析

分别以年平均故障率和图 5-3 中各个月份的故障率对系统进行风险评估，得出系统的风险指标 EENS 如图 5-5 所示。

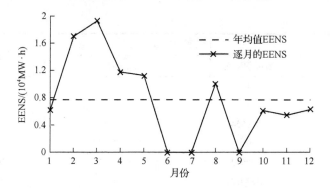

图 5-5　系统年均 EENS 和各月 EENS 的对比

由图 5-5 可以得出看出：①系统的 EENS 随月份的起伏较大，若以年均 EENS 指导某个月电网运行方式，则会显得过于悲观或乐观；②系统在 2～5 月份的风险水平较高，需要采取相应措施保证电网安全运行。

进一步，对山火和雷电多发区域的 25 条输电线路，以不同气象灾害下的月故障率代替平均值故障率，评估系统遭受雷电和山火条件下的 EENS，如图 5-6 所示。

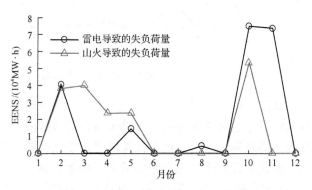

图 5-6　各月中遭受雷电和山火条件下的系统 EENS

由图 5-6 中显示结果可以看出：①雷电和山火均具有明显的时间分布特性，有助于电网在相应月份提前做好防山火、防雷电措施；②雷电(典型瞬时性故障)多发的 5～9 月份，系统的风险水平相对较低，说明重合闸和一次重合闸不成功情况下的强送措施能大大提高系统的可靠性水平；③在山火多发的月份，系统的失负荷量均维持在一个较高的水平，说明该省电网防山火措施还有待加强。

5.4.2　算例 2：基于线路时变故障率的电网风险

在缺乏分气象类型统计故障率的足量样本时，也可在平均值故障率的基础上，采用故障率分布函数求取输电线路时变故障率，用于分析电网的时变风险。下面应用输电线路时变故障率模拟函数，以 IEEE-RBTS 为对象评估其风险水平并与已有的几种典型方法进行对比，验证输电线路时变故障率模拟函数的应用效果。RBTS 系统的单线图如图 5-7 所示。

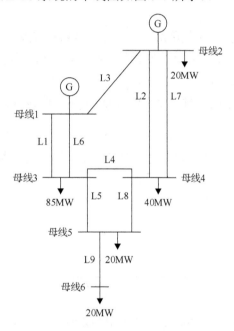

图 5-7　IEEE-RBTS 测试系统单线图

1) 测试系统线路故障率改造

情景 A：不考虑气象变化的影响，线路故障率采用原文的年均值故障率。

情景 B：线路故障率均采用两态天气模型，其中恶劣天气占总天气的比例 U 为 0.018，恶劣天气下发生的故障占总故障次数的比例 F 为 0.4[181]。

情景 C：线路故障率均采用傅里叶函数模拟的双峰曲线计算，参数取值使用 2.4.2 节中的函数拟合结果，即 a=0.08203，b=0.01417，c=0.04761，ω= 1.0790，用以表征线路故障率随时间多峰周期变化的地区 (如中国中部地区) 的情况。

情景 D：线路故障率均采用韦布尔函数模拟的单峰曲线计算，参数取值使用 2.4.3 节中的函数拟合结果，即 $\alpha=7.693$，$\beta=4.877$，用以表征线路故障率随时间单峰变化的地区(如中国南方沿海地区)的情况。

情景 C 和情景 D 按式(5.13)计算各月故障率时，平均值故障率为文献[181]给出的数值。

此例中，采用蒙特卡罗模拟方法评估系统的风险指标，其中，风险评估程序中潮流计算采用直流潮流模型，系统解列状态采用深度优先搜索算法进行判断，负荷削减模型采用最优削减模型，设定的收敛精度 $\varepsilon<0.001$ 或抽样10 万次。

此外，传统评估方法使用的负荷参数为年峰值负荷，评估的结果是年度化的指标，为了更好进行对比，同样使用年峰值负荷，计算年度化风险指标。

2)评估结果及分析

采用不同故障率模型时，LOLP、EDNS 指标曲线分别如图 5-8 和图 5-9所示。

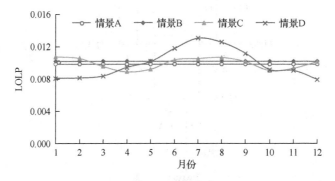

图 5-8　采用不同故障率模型时 LOLP 随时间变化的曲线

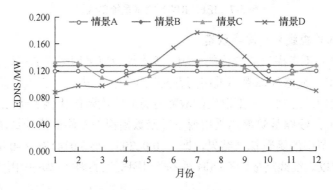

图 5-9　采用不同故障率模型时 EDNS 随时间变化的曲线

从图中可以看出，考虑线路的故障率时间分布特征后，在故障率高的月份(如情景 C 的 1 月、7 月，情景 D 的 6～9 月)系统的 LOLP 和 EDNS 指标均比不考虑气象因素(情景 A)或采用两态天气模型(情景 B)要高，而在故障率低的月份(如情景 C 的 4 月、10 月，情景 D 的 1～3 月和 10～12 月)系统的 LOLP 和 EDNS 指标均比不考虑气象因素(情景 A)或采用两态天气模型(情景 B)要低。

线路故障越集中的季节，如情景 D 的 6～9 月，系统的运行风险将比不考虑气象因素或采用两态天气模型大很多，如 7 月时情景 D 的 LOLP 和 EDNS 比不考虑气象情况下分别高 32.8% 和 48.1%；比采用两态天气模型时分别高 28.2% 和 38.8%。

采用两态天气模型时，恶劣天气下线路故障次数占总故障次数的比例 F 和恶劣天气出现的概率 U 对风险评估结果有很大影响[181]，但要准确地确定 F 和 U 的数值确很困难。然而，在输电线路故障事件记录中，故障时间是很容易查找的，因此，用时间相依的故障率进行系统风险评估，更能反映系统风险变化情况。

表 5-3 列出了采用不同故障率模型时的年度化 EENS 指标，以情景 A 为基准，计算了采用不同故障率模型时的指标变化情况。

表 5-3　采用不同故障率模型时的年度化 EENS 指标对比

情景	A	B	C	D
EENS/MW·h	1027.84	1096.71	1047.05	1052.15
变化百分比/%	0.0	6.7	1.9	2.4

从表 5-3 中可以看出，考虑故障率时间分布特征时，EENS 指标并不像 EDNS 指标那样显著变化，这是因为 EDNS 随时间波动变化，与年均值情况相比有高有低，而 EENS 是各月 EDNS 与该月时间的乘积之和，故不会显著变化。这与实际运行经验也是相符的。

5.5　本 章 小 结

本章在分析常规充裕性指标的基础上，针对其并未体现不同时间段、不同气象环境下的电网风险差异，不能满足目前对电网时变风险分析的需求问题，提出了基于时间及气象相关的电网充裕性评估指标，包括电网逐月(或逐季度)失负荷概率、失负荷频率、电力不足期望值、电量不足期望值等不同时间尺度下的充裕性指标，以及雷电、山火、冰雪等不同气象因素下的充裕性指标。应用气象敏感类输电线路故障的时空特征指标，评估了某省公司 500kV 电网的风险；应用输电线路故障率模拟函数，评估了 IEEE-RBTS 系统风险，验证了应用效果。通过研究，得出如下结论：

(1)气象相关的输电线路时空故障特征参数用于时空相依的电网风险评估，通过分析不同气象灾害在不同时间尺度对电网风险的影响，可以明晰在不同月份的不同气象灾害对电网可靠性影响程度，以便采取相应防范措施，提高电力系统的运行可靠性水平。

(2)与不考虑气象因素或采用分状态天气模型相比，计及输电线路时间相依故障率对停电概率指标有显著影响，对年度化的电量指标影响较小，能更准确反映系统风险随时间变化的规律，验证了本方法在分析气象相关的输电线路故障时变特性对电网风险描述的有效性。

第6章 计及风速时间周期特征的
风电并网系统风险评估

6.1 引　　言

应对能源危机和全球气候变暖，以清洁、可再生、建设周期短著称的风力资源开发在世界范围内开展得如火如荼，电力系统中的并网风电比例也越来越高[182]。由于风电具有明显的随机性、间歇性特点，大规模的风电接入电网势必会对电网的运行风险产生影响。所以，分析风电并网系统的风速中长期变化特征，评估风电并网系统在不同月份、不同季节的时变风险，有助于系统调度人员了解系统风险变化的趋势，从而采取相应的风险降低措施，对电力系统运行规划、中长期调度和月度发电调度具有重要的参考价值。

风力发电与风速直接相关，因此构建能够准确反映不同地区在一年中不同时间的风速模型，是进行风电并网系统风险分析的基础。现有的风速模型主要可分为三类：①机器学习模型[90-93]；②风速时间序列模型[94-97]；③风速概率分布模型[102-104]。机器学习模型主要采用各种机器学习方法及智能算法对风速进行短期预测，能考虑多种变量对风速的影响，预测精度较高，但模型复杂，计算量大。风速时间序列模型的阶数对预测精度影响较大，低阶模型建模比较容易但误差较大，高阶模型参数估计困难，且难以反映风速长期的概率分布特征，所以通常用于风速的中短期预测。风速概率分布模型反映的是风速在相当长一段时间里的统计规律和随机特性，通常适用于长期风速预测，常用的风速概率分布模型有瑞利分布、韦布尔分布、对数正态分布等，其中韦布尔分布使用最为广泛，这些概率分布模型较为简单，使用方便，但是精度不高，且不能反映风速的时变特性导致的系统时变风险[183]。

目前，考虑风速的时空分布特征，并将其应用到风电并网系统中长期风险评估中的文献还很少。本章从不同时间尺度对风速样本进行分析，提出风速的时间周期特征模型，用时间周期拟合函数反映风速月变化趋势，用服从某种概率分布的随机变量反映风速日波动分量，二者叠加建立风速的时间周期特征模型，并用不同地区的风速样本进行模型测试，对该模型的普适性进行检验。基于上述建立的风速模型及风电出力与风速的函数关系，可建立风电场出力模型，采用序贯蒙特卡罗模拟法可进一步评估风电并网系统各月的风险。最后，用 IEEE-RTS 系统作为算例，计算出系统逐月的风险指标，对所提方法的有效性进行检验。评估结果可为电网中长期调度及风电场检修决策等提供参考。

6.2 风速的时间周期特征模型

6.2.1 风速特征分析

气象领域的研究指出：气候系统的演变过程具有自记忆特性，在不同的时间标度上有相似的统计特性，即大气环境具有时间周期性[2]。且文献[157]和[166]对气象要素的时间周期特征进行了分析。本章以此为思路，从中国气象数据网的中国地面气候资料日值数据集中选取了新疆克拉玛依气象站2011～2015 年的风速数据，对不同时间尺度下的风速变化特征进行了分析，提出了风速的时间周期特征模型。根据整理的风速数据，绘制出 2011～2015 年日平均风速的时序图，如图 6-1 所示。

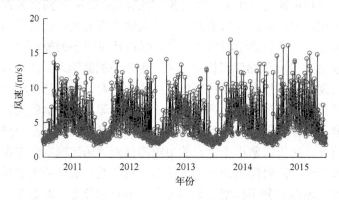

图 6-1　新疆克拉玛依气象站 2011～2015 年日平均风速

将时间按年进行划分后可以看出，每一年风速的变化规律是相似的，即风速以年为时间尺度时表现出周期性。因此，可用累年均值分析风速在一年内的变化规律。以天为单位将累年日平均风速按时间顺序进行排列，将累年月平均风速用光滑曲线连接起来表示其变化趋势，二者绘制在一幅图上，如图 6-2 所示。从图中可以看出，风速以月为时间尺度时，表现出季节性，如该地区的风速在春、夏季较大，秋、冬季较小；风速以日为时间尺度时，日平均风速围绕着月平均风速的变化趋势来回波动，表现出波动性。

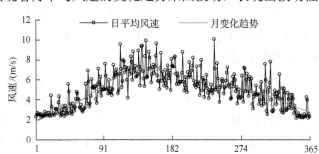

图 6-2　2011～2015 年累年日平均风速及月变化趋势

因此，风速以年为时间尺度时主要表现出周期特征，以月为时间尺度时表现出全年的主要变化趋势，以日为时间尺度时在月变化趋势附近表现出波动特征。本章将风速的这种多时间尺度特征概括为风速的时间周期特征。

6.2.2　风速的时间周期特征建模

从上一节的分析可知，同一地区每一年风速的变化规律是相似的，因此，其周期特征可以通过累年均值来反映。以累年月平均数据为样本，用时间周期拟合函数 $f(t)$ 表示其变化趋势；用累年日平均风速和拟合函数值作差得到波动量，用服从某一概率分布的随机变量 $\varepsilon(v)$ 模拟其波动特征[184]。最后将时间周期拟合函数及随机变量进行叠加得到风速的时间周期特征模型 $F(t)$。

本章采用曲线拟合法来根据具体的风速样本，建立不同地区的风速时间周期特征模型。用拟合优度确定拟合函数形式及概率分布类型，用最小二乘法确定模型中的待定参数值。本模型可根据不同地区的风速变化特征进行调整，适用性强。曲线拟合法是在建模过程中一种常用的数据处理方法，其思路是：用某种方法寻找一条光滑曲线使其尽量逼近样本数据。比较常用的曲线拟合方法是最小二乘法。

最小二乘法曲线拟合的原理是：对于一组已知的数据集合 $\{(x_i, y_i)\}$ $(i = 0,1,2,\cdots,n)$，构建一个函数 $g(a, x)$，其中 a 为待定的参数向量，通过使误差平方和 SSE 最小来确定函数 $g(a, x)$ 中的未知参数，计算误差平方和的公式见式(6.1)。

$$\text{SSE} = \sum \left[g(a, x_i) - y_i \right]^2 \qquad (6.1)$$

式中，函数 $g(a, x)$ 称为拟合函数或最小二乘解。使用 MATLAB 软件中的曲线拟合工具箱来实现曲线拟合，计算拟合优度和确定拟合模型中的参数值。

下面以新疆克拉玛依气象站 2011～2015 年的风速样本为基础，详细介绍风速时间周期特征模型的建立过程。

首先，对风速的月变化趋势进行曲线拟合，以累年月平均风速作为纵坐标，以每月天数的中位数作为横坐标，得到图 6-3 中的散点。选取了 MATLAB 曲线拟合工具箱中的傅里叶函数和高斯函数进行拟合，拟合优度如表 6-1 所示，其中拟合优度中 R_{square} 为可决系数，越接近于 1 拟合效果越好；δ_{RMSE} 为均方根误差，越接近于 0 拟合效果越好。

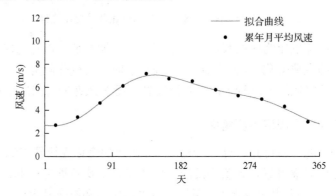

图 6-3　累年月平均风速及拟合曲线

表 6-1　累年月变化趋势拟合函数拟合优度

傅里叶函数	R_{square}	δ_{RMSE}	高斯函数	R_{square}	δ_{RMSE}
一阶	0.9190	0.4970	一阶	0.9181	0.4710
二阶	0.9913	0.1884	二阶	0.9852	0.2449
三阶	0.9950	0.1754	三阶	0.9974	0.1445

从表 6-1 中可以看出，二阶与三阶傅里叶函数的拟合优度接近，但三阶傅里叶函数表达式更为复杂，待定参数更多，因此为了降低复杂度，这里选择二阶傅里叶函数作为拟合函数，其函数表达式为

$$f(t) = a_0 + a_1 \cos(\omega t) + b_1 \sin(\omega t) + a_2 \cos(2\omega t) + b_2 \sin(2\omega t) \qquad (6.2)$$

用最小二乘法可计算出拟合函数中的待定参数值，如表 6-2 所示。

表 6-2　累年月变化趋势的待定参数拟合值

待定参数	拟合值	待定参数	拟合值
a_0	5.014	a_2	−0.342
a_1	−1.923	b_2	−0.498
b_1	0.226	ω	0.017

风速的波动分量是累年日平均风速与拟合函数值的差值，表达式为

$$\Delta v(t) = v_0(t) - f(t) \tag{6.3}$$

式中，$\Delta v(t)$ 为第 t 天风速的波动分量；$v_0(t)$ 为第 t 天的累年日平均风速值；$f(t)$ 为第 t 天的拟合函数值。根据上述的风速样本及拟合函数值计算出的 $\Delta v(t)$ 在零值附近来回波动，具有随机性，可看作是服从某一概率分布的随机变量 $\varepsilon(v)$，其中 v 表示风速。

运用数理统计的方法绘制 $\Delta v(t)$ 的频率直方图[185]，此直方图的矩形顶边接近一光滑曲线，该曲线就是随机变量 $\varepsilon(v)$ 服从的概率密度函数曲线，同样地，运用曲线拟合的方法可确定风速波动分量的概率分布模型及其参数。随机变量 $\varepsilon(v)$ 有正有负，因此应选取横坐标能取到负值的概率密度函数。本章分别选取了正态分布、三参数伽马分布及三参数韦布尔分布对其进行拟合。其中，正态分布的概率密度函数为

$$\varepsilon(v) = \frac{1}{\sqrt{2\pi}\sigma} \exp\left[-\frac{(v-\mu)^2}{2\sigma^2} \right] \tag{6.4}$$

式中，μ 和 σ 为待定参数。

三参数伽玛分布的概率密度函数为

$$\varepsilon(v) = \frac{\beta^\alpha}{\Gamma(\alpha)} (v-\gamma)^{\alpha-1} \exp\left[-\beta(v-\gamma) \right] \tag{6.5}$$

式中，α、β 和 γ 为待定参数。

三参数韦布尔分布的概率密度函数为

$$\varepsilon(v) = \frac{k}{\lambda} \left(\frac{v-\varphi}{\lambda} \right)^{k-1} \exp\left[-\left(\frac{v-\varphi}{\lambda} \right)^k \right] \tag{6.6}$$

式中，k、λ 和 φ 为待定参数。

用以上三种分布模型得到的拟合优度如表 6-3 所示。

表 6-3　累年日风速波动分量概率分布拟合优度

概率分布模型	R_{square}	δ_{RMSE}
正态分布	0.9082	0.04539
三参数韦布尔分布	0.9277	0.04164
三参数伽马分布	0.9442	0.03682

拟合优度的结果显示三参数伽马分布的拟合效果较好，因此选择三参数韦布尔分布作为风速波动分量的概率分布模型，用最小二乘法可确定其数值，如表 6-4 所示。确定参数值后可求解出对应的三参数伽马分布概率密度函数，风速波动分量的频率直方图及概率密度函数拟合曲线如图 6-4 所示。可以看出，三参数伽马分布较好地体现了风速波动分量的概率分布特征。

表 6-4　累年日平均风速波动分量的三参数伽马分布拟合

待定参数	拟合值
α	5.3054
β	2.0951
γ	−2.4655

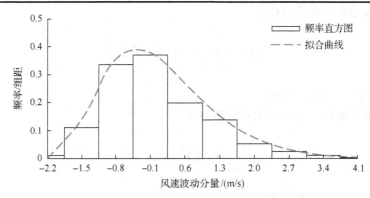

图 6-4　克拉玛依站累年日平均风速波动分量频率直方图及概率密度拟合曲线

本例中风速的主要变化趋势用二阶傅里叶拟合函数 $f(t)$ 来表示，波动分量用服从三参数伽马分布的随机变量 $e(e \sim \varepsilon(v))$ 来表示，风速的时间周期特征模型为二者的叠加，表达式为

$$F(t) = f(t) + e, \quad e \sim \varepsilon(v) \tag{6.7}$$

式中，$F(t)$ 为风速时间周期特征模型在第 t 天的模拟值。

克拉玛依站的实际风速值与使用风速时间周期模型产生的模拟值的比较如图 6-5 所示，可以看出二者能较好地吻合，表明式(6.7)可以准确反映实际风速情况。

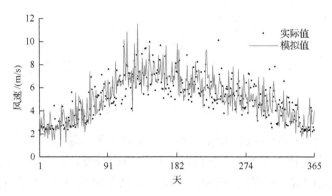

图 6-5 克拉玛依站累年日平均风速的实际值与模拟值对比

6.2.3 风速时间周期模型的检验

1) 风速模拟效果验证

目前，最常用的风速模型为韦布尔分布模型，其概率密度函数的表达式为

$$f(v) = \frac{k}{\lambda} \left(\frac{v}{\lambda} \right)^{k-1} \exp \left[-\left(\frac{v}{\lambda} \right)^{k} \right] \tag{6.8}$$

式中，k 为尺度参数；λ 为形状参数。

以新疆克拉玛依气象站 2011～2015 年的日风速数据为样本，用最小二乘法求得该地区韦布尔分布模型中的 k 为 4.588，λ 为 1.865。将原始风速样本、韦布尔分布模型及时间周期特征模型的概率分布进行比较，如图 6-6 所示。

为验证风速时间周期特征模型的拟合效果，本章还引入 χ^2 拟合优度进行检验。χ^2 拟合优度检验常用于检验总体是否服从某个指定的分布。测试结果显示，在自由度为 5、显著性水平为 0.05 的条件下，韦布尔分布模型和时间周期模型的 χ^2 值分别为 9.07 和 7.57，都通过了 χ^2 检验，说明韦布尔分布模型和时间周期特征模型都能表示年时间尺度下的风速概率分布特征。

然而，风速在不同月份具有不同的分布特点，使用年时间尺度下的韦布尔分布模型不能反映这一特征。因此，在月时间尺度下，在不同月份的风速

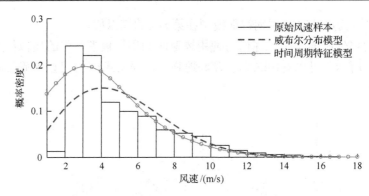

图 6-6　原始风速样本、韦布尔分布模型及时间周期特征模型的概率分布比较

韦布尔分布模型中的特征参数需要使用各个月份的风速数据拟合确定,而时间周期模型中的特征参数在不同时间尺度下不会改变,仅需改变式(6.7)中的 t。和韦布尔分布模型相比,时间周期模型可以大幅减少在不同时间尺度下的风速建模工作量。同样使用 χ^2 分布来检验不同月份下韦布尔分布模型和时间周期特征模型的拟合效果,结果如表 6-5 所示,其中,DF_{tp} 和 DF_{wbl} 分别表示时间周期特征模型和韦布尔分布模型在 χ^2 检验中的自由度。

从表 6-5 中可以看出,风速的时间周期模型通过了所有的 χ^2 检验,而韦布尔分布模型在 1、2、8、11 和 12 月没有通过 χ^2 检验,可见,在月时间尺度下,本章所提的风速时间周期特征模型比韦布尔分布模型效果更好。

表 6-5　月时间尺度下韦布尔分布模型和时间周期特征模型模拟结果的 χ^2 检验

月份	DF_{tp}	χ^2_{tp}	$\chi^2_{0.95}(DF_{tp})$	DF_{wbl}	χ^2_{wbl}	$\chi^2_{0.95}(DF_{wbl})$
1	7	9.36	14.07	7	**79.03**	14.07
2	7	6.14	14.07	7	**39.30**	14.07
3	5	1.96	11.07	5	3.16	11.07
4	6	11.22	12.69	7	13.68	14.07
5	6	3.36	12.69	6	4.45	12.69
6	5	9.13	11.07	5	6.52	11.07
7	5	6.46	11.07	6	7.29	12.69
8	5	9.38	11.07	6	**82.16**	12.69
9	5	5.21	11.07	7	9.87	14.07
10	5	4.19	11.07	7	10.57	14.07
11	5	7.19	11.07	8	**21.18**	15.51
12	7	11.68	14.07	5	**290.39**	11.07

2) 风速模拟模型的普适性验证

长期来看，同一地区风速的时间变化规律是基本不变的。但受地理环境的影响，不同地区风速的变化规律差异较大，即风速具有时空分布特征。上文中以新疆克拉玛依地区风速为例，介绍了风速时间周期特征模型的建模过程，其中，风速的月变化趋势拟合函数及日波动分量的概率分布模型均使用曲线拟合确定，即在建模过程中，可根据各地区不同的风速样本，调整拟合函数及其参数值，使得建立的时间周期特征模型能适应该地区的风速变化规律。为验证该模型的普适性，除前述建立的新疆克拉玛依地区风速的时间周期特征模型外，还根据甘肃民勤、内蒙古集宁和河北张北等风电集中地区的风速样本，建立了当地的风速时间周期特征模型。

根据不同地区的风速样本，通过拟合优度选取最优的月变化趋势拟合函数及日波动分量概率分布模型，结果如表 6-6 所示。同样使用 χ^2 检验对甘肃民勤、内蒙古集宁和河北张北气象站的风速时间周期特征模型进行效果检验，它们都通过了 χ^2 检验。

表 6-6　各地区风速时间周期模型及模拟参数检验

地区		拟合函数	拟合的参数
甘肃民勤	$f(t)$	二阶傅里叶函数	$a_0=4.767, a_1=-0.618, b_1=1.632, a_2=-0.218, b_2=0.753, \omega=0.011$
	$\varepsilon(v)$	三参数韦布尔分布	$k=3.61, \lambda=2.73, \varphi=-3.17$
内蒙古集宁	$f(t)$	二阶傅里叶函数	$a_0=5.905, a_1=-0.633, b_1=0.939, a_2=0.139, b_2=-0.335, \omega=0.02$
	$\varepsilon(v)$	三参数伽马分布	$\alpha=13.903, \beta=3.2135, \gamma=-4.26$
河北张北	$f(t)$	二阶傅里叶函数	$a_0=6.695, a_1=-0.479, b_1=0.909, a_2=0.021, b_2=-0.498, \omega=0.019$
	$\varepsilon(v)$	正态分布	$\mu=-0.0496, \sigma=0.9905$

确定表 6-6 中各拟合函数的待定参数值后，即可得到民勤、集宁及张北等地区风速的时间周期特征模型，各地区风速的实际值与模拟值的比较分别如图 6-7~图 6-9 所示。

从图中和表 6-6 可以得出，风速时间周期特征模型能根据不同地区风速的时空分布特征进行调整，使其能较好地反映当地风速的变化规律，本算例验证了该模型的普适性。

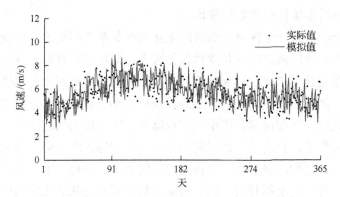

图 6-7　甘肃民勤地区累年日平均风速实际值与模拟值对比图

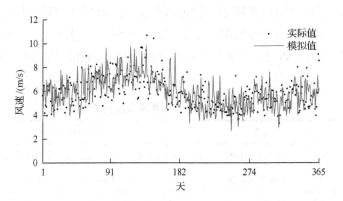

图 6-8　内蒙古集宁地区累年日平均风速实际值与模拟值对比图

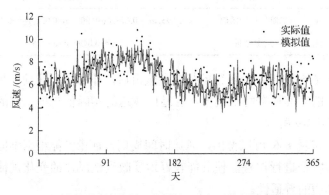

图 6-9　河北张北地区累年日平均风速实际值与模拟值对比图

6.3　计及风速时间周期特征的风电场出力模型

假设同一风电场中各风机接收到的风速基本上是相同的，因此风电场出力可视作多个具有相同风电转换效率的风机出力的叠加，通过风机出力与风速之间的函数关系[20]，可得到风电场的出力模型，其函数表达式为

$$P_t = \begin{cases} 0, & 0 \leqslant V_t \leqslant V_{ci} \\ (A + BV_t + CV_t^2)P_r, & V_{ci} < V_t \leqslant V_r \\ P_r, & V_r < V_t \leqslant V_{co} \\ 0, & V_t > V_r \end{cases} \tag{6.9}$$

式中，P_t 为第 t 天的风电场出力；P_r 为风电场装机容量；V_t 为第 t 天的风速；V_{ci}、V_r、V_{co} 分别为风机的切入风速、额定风速和切除风速；中间变量 A、B 和 C 可由以下公式表达：

$$A = \frac{1}{(V_{ci} - V_r)^2} \left[V_{ci}(V_{ci} + V_r) - 4(V_{ci}V_r)\left(\frac{V_{ci} + V_r}{2V_r}\right)^3 \right] \tag{6.10}$$

$$B = \frac{1}{(V_{ci} - V_r)^2} \left[4(V_{ci} + V_r)\left(\frac{V_{ci} + V_r}{2V_r}\right)^3 - (3V_{ci} + V_r) \right] \tag{6.11}$$

$$C = \frac{1}{(V_{ci} - V_r)^2} \left[2 - 4\left(\frac{V_{ci} + V_r}{2V_r}\right)^3 \right] \tag{6.12}$$

将由风速的时间周期特征模型 $F(t)$ 模拟生成的时变风速作为变量 V_t 代入式(6.9)中，可得风电场时变的出力。气象站观测和预报的风速都是离地面10m高的风速，因此在计算风电出力时，需要根据风机轮毂的高度进行风速换算。

6.4　风电并网系统风险评估方法

目前，电力系风险评估常用的方法是蒙特卡罗模拟，该方法又可分为非序贯蒙特卡罗模拟和序贯蒙特卡罗模拟。非序贯蒙特卡罗模拟通过随机抽样

得到系统状态，不考虑时间上的连续性；序贯蒙特卡罗模拟通过对系统元件的时序状态进行模拟，得到系统的转移状态，能得到具有时间特征的风险指标。鉴于风速具有时间周期特征，选用序贯蒙特卡罗模拟能更好地反映风电并网系统的风险变化情况。将上述建立的风速时间周期特征模型与序贯蒙特卡罗模拟相结合，提出了考虑风速时空分布特征下的风电并网系统风险评估方法。

6.4.1 评估指标

通常电力系统风险评估是以年为时间尺度，对系统全年的风险水平进行评估。但风速在一年内各个月份的变化十分明显，且月风险评估对于系统调度、制定各月发电计划等更有参考价值。因此，用系统各月的失负荷概率(LOLP)、失负荷频率(LOLF)和电力不足期望(EDNS)作为风险指标对风电并网系统的逐月风险进行评估。不同时间尺度下的风险指标定义和表达式见 5.2 节。

6.4.2 评估流程

基于风速时间周期特征模型的风电并网系统风险评估的流程图如图 6-10 所示。

本算例中，系统元件采用两状态模型，即正常运行状态和故障停运状态。统计可得各元件的平均无故障运行时间(Mean Time to Failure，MTTF)和平均修复时间(Mean Time to Repair，MTTR)，假设元件的运行时间和修复时间服从指数分布，则元件无故障工作时间 TTF 和修复时间 TTR 的概率密度函数分别为

$$f(\text{TTF}) = \lambda \times \exp(-\lambda \times \text{TTF}) \tag{6.13}$$

$$f(\text{TTR}) = \mu \times \exp(-\mu \times \text{TTR}) \tag{6.14}$$

式中，λ 为元件故障率；μ 为元件修复率。通过反变换法可得

$$\text{TTF} = -\text{MTTF} \times \ln(1 - R_1) \tag{6.15}$$

$$\text{TTR} = -\text{MTTR} \times \ln(1 - R_2) \tag{6.16}$$

式中，R_1、R_2 为(0,1)之间按均匀分布抽取的两个随机数。各个元件的状态转移过程都可根据式(6.15)和式(6.16)确定，从而可确定系统状态的时序转移过程。

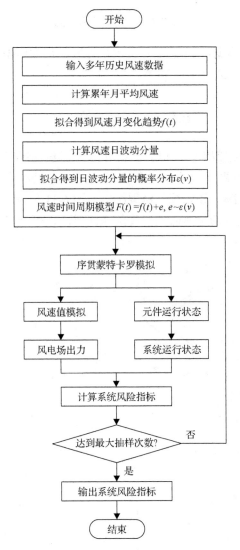

图 6-10　基于风速时间周期特征模型的风电并网系统风险评估流程图

　　利用序贯蒙特卡罗模拟对风速时间周期特征模型进行抽样时，根据观测的时间尺度，需要在$[t_m, t_n]$时间区间内产生一个服从均匀分布的正整数 t_R，比如，1 月份的时间区间是[1, 31]，2 月份的时间尺度是[32, 59]，以此类推。抽取的风速由式(6.17)决定。

$$v_R = F(t_R), \ t_R \in [t_m, t_n] \tag{6.17}$$

式中，v_R 为抽取的风速；$F(t_R)$ 为 t_R 天的风速时间周期模型，因此，模拟的风速可以照此顺序依次产生。

6.5　算　例　分　析

将风速时间周期模型用于评估 IEEE-RTS79 系统的运行风险。IEEE-RTS79 系统包含 32 台发电机，24 个节点和 38 条线路，总装机容量为 3405MW，年负荷峰值为 2850 MW，该系统的网架结构如图 6-11 所示，系统其他参数见文献[186]。本算例关注的是月时间尺度的系统风险，因此算例中的负荷模型采用各月的峰值负荷。

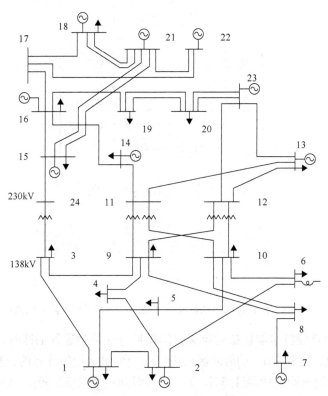

图 6-11　IEEE-RTS79 系统的网架结构图

6.5.1　算例改造

为研究使用韦布尔分布模型和时间周期特征模型模拟风电场风速,评估得到的系统风险的差异,对原 IEEE-RTS79 系统进行了改造,如表 6-7 所示,作为算例进行分析。本节分别对以下 4 种情况的风险指标进行了计算。

表 6-7　算例改造

情景	风电接入模式	风速模型
情景 1	无风电	/
情景 2	在母线 23 接入 350MW 等值风电场	原始风速数据
情景 3	在母线 23 接入 350MW 等值风电场	克拉玛依的韦布尔风速模型
情景 4	在母线 23 接入 350MW 等值风电场	克拉玛依的时间周期特征风速模型

6.5.2　结果及分析

首先,风力发电覆盖全年,同以往一样,使用年时间尺度下的风速模型和峰值负荷计算 4 种情景下的系统年风险指标,结果列于表 6-8。

表 6-8　4 种情景下系统的年风险指标

情景	LOLP	LOLF/(次/年)	EENS/((MW·h)/a)
情景 1	0.08441	21.2	124991.97
情景 2	0.27188	37.8	503296.82
情景 3	0.26821	39.1	499436.58
情景 4	0.26974	38.3	502688.96

然而,实际上风速在不同月份具有显著的差异,这将会导致各月风电出力变化很大,所以使用年风险指标不足以支撑系统运行人员采取相应的降风险措施。因此,本算例更多关注月时间尺度的风险。假设系统负荷不随时间变化,即使用年峰值负荷进行风险计算,结果如图 6-12～图 6-14 所示。

近一步考虑负荷的时变性,因此使用各月的峰值负荷,如图 6-15 所示,计算系统运行风险指标。

在月时间尺度下,使用风速时间周期模型和各月峰值负荷,计算得到的 4 种情景下的系统月风险指标,如图 6-16～图 6-18 所示。

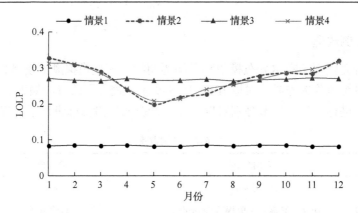

图 6-12　月时间尺度下不考虑时变负荷的 LOLP 曲线

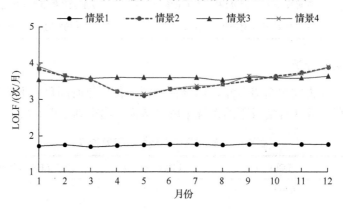

图 6-13　月时间尺度下不考虑时变负荷的 LOLF 曲线

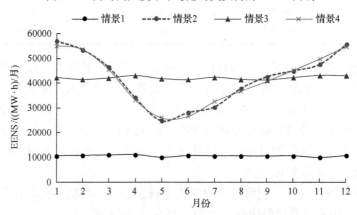

图 6-14　月时间尺度下不考虑时变负荷的 EENS 曲线

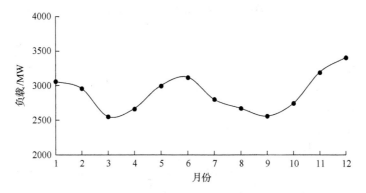

图 6-15　IEEE-RTS 系统逐月峰值负荷曲线

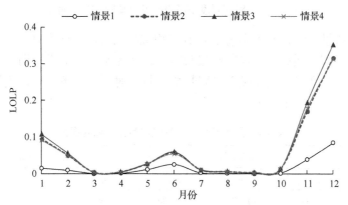

图 6-16　月时间尺度下考虑时变负荷的 LOLP 曲线

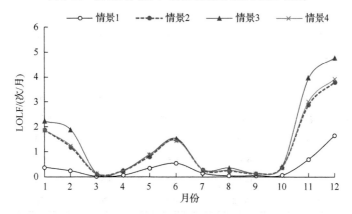

图 6-17　月时间尺度下考虑时变负荷的 LOLF 曲线

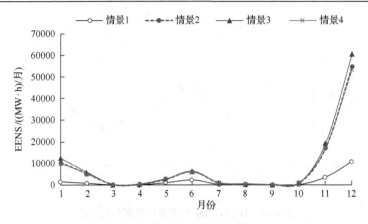

图 6-18 月时间尺度下考虑时变负荷的 EENS 曲线

由于情景 2、情景 3 和情景 4 具有相似的结果，因此本算例以使用原始风速评估得到的系统运行风险结果(情景 2)作为基准，分析使用韦布尔分布模型(情景 3)和时间周期模型(情景 4)计算月时间尺度下系统风险指标的相对误差，结果列于表 6-9。

表 6-9　月时间尺度下系统风险指标相对误差　　　(单位：%)

月份	韦布尔分布模型			时间周期特征模型		
	γ_{LOLP}	γ_{LOLF}	γ_{EENS}	γ_{LOLP}	γ_{LOLF}	γ_{EENS}
1	**−13.43**	**−18.62**	**−18.84**	3.80	1.33	5.66
2	**−11.96**	**−59.49**	**−12.03**	2.12	−4.64	4.98
3	2.63	−7.27	3.20	5.53	−9.09	7.34
4	−2.43	−4.08	2.96	1.01	8.16	5.28
5	−2.42	−8.54	−3.03	−1.08	−6.71	−2.56
6	−4.13	−2.21	−2.14	8.75	3.34	7.77
7	−6.47	−7.78	−7.82	−7.79	−5.56	−3.23
8	**−12.21**	**−45.83**	**−12.07**	6.77	−6.25	4.06
9	−6.19	−7.50	−5.56	4.72	−8.33	2.98
10	−6.10	−6.41	−3.36	−1.07	7.69	−6.64
11	**−14.13**	**−36.83**	**−12.34**	−4.62	−4.13	−0.34
12	**−11.42**	**−25.72**	**−10.40**	1.24	−2.76	2.63

从以上 4 种情况下的风险评估结果可以看出:

(1)根据表 6-8,相比于 IEEE-RTS79 原系统,改造后的风电并网系统,其系统风险有所增大,这主要是在总的系统装机容量不变的条件下,由于风力发电的随机性造成的。同时,情景 2、情景 3 和情景 4 具有相似的结果,表明传统的韦布尔分布模型和时间周期特征模型都能评估风电并网系统的年风险指标。

(2)根据图 6-12~图 6-14,相比于原系统,由于风电的随机性,改造后系统的月风险指标有所增加。此外,情景 1 和情景 3 在各月的风险指标基本相同,情景 1 中原系统不含风电,系统各月的发电和负荷不变,所以系统风险不变;对于情景 3,使用蒙特卡罗抽样产生的风速服从相同的概率分布,因此各月的系统风险基本一样。然而,情景 2 和情景 4 的结果相似,都随时间改变,对于改造后的系统,在 4~9 月的系统风险比其他月份要小,主要是因为这几个月风速大,风电场出力较大,系统供电充裕。这些结果表明,本章所提的风险评估方法同样可以反映风电并网系统的时变风险。

(3)根据图 6-16~图 6-18,由于负荷的时变性,4 种情景下系统风险都随时间改变。根据表 6-9,在 1 月、2 月、8 月、11 月和 12 月,使用韦布尔分布模型的系统风险指标相对误差的绝对值超过了 10%,如前面表 6-5,这几个月使用韦布尔分布模型模拟的风速未能通过 χ^2 检验。这一结果表明,通过蒙特卡罗模拟方法评估风电并网系统风险的有效性取决于风速模型的有效性。同样可以看出,使用时间周期特征模型,可以准确反映系统的中期(月)和长期(年)风险,但韦布尔分布则不行。此外,在相同的蒙特卡罗抽样次数下,两种方法的计算时间基本一样,但是在建立风速模型时,韦布尔分布模型的建模工作量比时间周期特征模型大很多。作为一种常用的概率分布模型,韦布尔分布模型并不含时间变量,因此在不同的时间尺度下,韦布尔模型的参数需要根据该时间尺度内的风速样本重新计算。而时间周期特征模型本身带有时间变量,当时间尺度改变时,只需改变式(6.17)中抽样时间区间内的 t_R,而不需要重新计算各拟合参数。例如,在计算月风险指标时,使用韦布尔分布模型需要根据 12 个月份的风速样本,分别拟合各月的模型参数,而使用时间周期特征模型,仅需根据全年风速样本,一次性拟合得到模型参数。总之,在月时间尺度下,风速时间周期特征模型减小了风速建模的工作量。

以上测试结果和分析表明:相比于韦布尔分布模型,多时间尺度的风速时间周期特征模型,更适合风电并网系统的时变风险评估,能充分考虑风速的时变特征,能得到系统风险随时间的变化情况,能使系统运行人员提前对系统各月的风险水平有所把握，事先制定好相应的风险管控措施。例如，在运行方面，加强系统高风险月份的巡检工作，及时发现风险隐患；检修方面，事先制定好风险应急措施及准备好事故抢险物资，减少停电时间；调度方面，在制定各月发电计划时，可在系统高风险月份适当限制部分风电场的出力，以减小风电出力随机性对系统的影响，同时加大部分火电机组的出力以保证供电，从而降低系统风险。

6.6　本章小结

风力发电与风速直接相关，因此构建准确、适用的风速模型是进行风电并网系统风险分析的基础。现有以韦布尔分布为代表的风速模型，表征的是风速大小的概率分布特征，缺少反映不同地区在一年中不同时间的风速模型，不能满足风电并网系统中长期运行规划所需的时变风险评估要求。本章从不同时间尺度对风速变化规律进行分析，提出了风速的时间周期模型，并将其用于风电并网系统的风险评估，通过研究，得出如下结论：

（1）气候系统具有长程相关性，每一年风速的变化规律是相似的，风速具有时间周期特征。

（2）可以用风速随时间的拟合函数来反映风速的月变化趋势，以此表征风速的时间分布规律。

（3）在风速逐月变化趋势的基础上叠加服从某种概率分布的随机变量，可反映风速的波动特征。

（4）对不同地区的风速样本进行了模型测试，表明所提风速时间周期模型的具有很好的模拟效果和普适性。

（5）使用风速时间周期模型评估的风电并网系统逐月的风险指标，更能反映系统风险随时间的变化特征，评估结果可以为系统运行规划、中长期调度和月度发电调度提供依据。

第7章　输电线路输送能力在线评估及安全校核

7.1　引　　言

前面几章重点分析了气象相关的电网故障特征和计及气象影响的电网风险评估方法。作为电网调度运行人员，除了关注灾害性天气下电网的风险指标，也需要关注高温等恶劣天气下电网的输送能力。在夏季高温天气下，用电负荷往往是一年中最大的，输变电设备负载率较高，甚至会出现关键线路和变压器严重过载的不利局面。同时，由于输电线路的持续载流能力受限于导线的最高允许运行温度，架空输电线路在高温天气下运行时，散热能力较差，导线温度随着负荷电流的增加而快速升高，因而在已有架空输电线路不便扩容的事实下，需要掌握输电线路的持续输送容量，合理安排输电通道，既保证电力高效输送，又为可能出现的事故风险留出适当的传输容量备用，为调度人员制定与优化调度计划、采取降风险调度提供技术支持。

目前，电网调度运行人员主要以输电线路额定电流作为安全运行的界线，将运行电流超过线路额定电流的 80%视为输电线路重载，在运行时予以特别关注。此额定电流是输电线路的静态载流量，它是基于稳态热平衡方程，以导线的最高允许运行温度(我国规定钢芯铝绞线为 70℃)和十分保守的气象因素作为边界条件计算得出的导线载流值[11]。这个预先设定的静态载流量边界条件，不能动态反映线路运行状态的实时变化。相对于静态载流量，动态载流量是基于实时气象环境参数，经由导线热平衡方程在线计算而得到，可实时反映线路的运行状态。

由于导线测温和微气象参数监测装置并未广泛地安装于整个架空输电线路走廊之中，无法准确掌握输电线路的动态载流能力。而随着数值预报技术的快速发展，利用精细化气象实况数据和数值天气预报来评估和预测输电线路的动态载流能力成为可能[138,187]，为此，本章将利用数值天气预报，评估和预测输电线路的动态载流能力，为调度人员制定与优化调度计划提供可行的技术手段。

此外，在连续高温天气下，部分输电线路将处于重载甚至过载的工作状态。当输电线路负荷平缓变化时，输电线路的安全裕度较高、安全时限较长，可留给调度员充足的时间平衡供电负荷，一般通过调整备用出力、优化潮流分配等潮流调节的方式消除线路过负荷；当两条或多条输电线路构成的输电断面中一条线路因为故障或其他原因退出运行时，即出现断面 $N-1$ 事故时，潮流会转移到其他健全线路上，相当于在原有电流的基础上叠加了一个阶跃电流。潮流阶跃转移时，输电断面可能不满足 $N-1$ 安全准则，输电线路的安全裕度会快速变化，需要采取切机、切负荷等潮流控制来消除线路过负荷。

已有 $N-1$ 安全校核主要检验线路的潮流增加后的长期耐受能力是否足够，且采用的是最不利气象环境条件，未考虑实时气象环境条件。本章根据输电线路所处的外部实况气象参数和输电线路的热惯性，将 $N-1$ 安全校核由离线评估变为在线分析，即利用实时气象信息，给出 $N-1$ 事件发生后载流安全裕度指标，以及考虑导线温度约束下的动态耐受电流指标；根据输电线路实际载流水平，确定其过载耐受时间，并发出预警。研究结果可为调度员完成负荷转供、消除输电线路温升越限风险提供依据，确保 $N-1$ 方式下输电线路安全运行。

7.2　输电线路载流能力和温度计算方法

7.2.1　导线热平衡方程

钢芯铝绞线的运行温度和最大载流能力除了受到导线自身参数影响，还受线路周围环境温度、风速、风向、太阳辐射等气象条件影响，其热平衡示意图如图 7-1 所示。

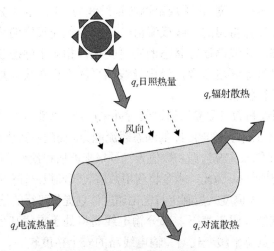

图 7-1　导线热平衡示意图

根据 IEEE Std.738—2012 标准[188]以及 CIGRE 技术规程[189]中关于输电线路载流量与导线温度的计算关系，导线的热平衡方程可表示为

$$m \cdot C \cdot \frac{\mathrm{d}T_C}{\mathrm{d}t} = I^2 \cdot R(T_C) + q_s - q_c - q_r \tag{7.1}$$

式中，m 为单位长度导线质量，kg/m；C 为导线的等效比热，J/(kg·℃)；T_C 为导线温度，℃；q_c 为导线的对流散热功率，W/m；q_r 为导线的辐射散热功率，W/m；q_s 为单位长度导线的日照发热功率，W/m；$R(T_c)$ 表示导线温度为 T_C 时的交流电阻值，Ω/m。

对式(7.1)中 q_s、q_J、q_c 和 q_r 的计算公式，简要说明如下。

1)日照吸热功率 q_s

每单位长度的导体获得的日照发热功率 q_s，与导线的吸热系数 α、导体外径 D_o(m)、导线所处地区海拔高度上的太阳辐射功率密度 Q_s(W/m^2)及太阳光入射方向与导线走向之间夹角 θ_s 成正比，

$$q_s = \alpha D_o Q_s \sin \theta_s \tag{7.2}$$

式中，α 为导体表面吸热系数，其值为 0.23～0.91。

2)焦耳热功率 q_J

电流流过导体产生的焦耳热由导体的电阻和电流的大小决定，即

$$q_J = I^2 R(T_c) \tag{7.3}$$

式中，I 为载流值，A；$R(T_c)$ 为导线温度为 T_c 时的单位长度交流电阻值，Ω/m，可根据直流电阻由式(7.4)计算得到

$$R(T_c) = R_d(1+k) = R(20)\left[1 + \alpha_{20}(T_c - 20)\right](1+k) \tag{7.4}$$

式中，R_d 为线路温度 T_c 时对应的直流电阻，Ω/m；$R(20)$ 为导线温度是 20℃对应的交流电阻，Ω/m；α_{20} 为导线 20℃时的材料温度系数，铝取 0.00403；k 为集肤效应系数，导体截面小于或等于 400mm^2 时，k 取 0.0025，大于 400mm^2 时，k 取 0.01[190]。

3)对流散热功率 q_c

对流散热是几个热损耗中所占比重最大的一个，与风速、风向、环境温度、导线温度、辐射温度有关。对流散热是由于导线周围受热不均的气体流

动带走热量引起。由于流动起因的不同，对流换热可以分为强制对流换热与自然对流换热两大类。无风时，空气在重力作用下形成自然对流；有风时，空气湍动程度大，为强迫对流。

强迫对流散热功率可按式(7.5)计算。

$$q_{cf} = \pi \lambda_f (T_c - T_a) Nu_{\delta\omega} K_{angle} \tag{7.5}$$

式中，λ_f 为空气导热系数；T_c 为导线表面温度，℃；T_a 为环境温度，℃；$Nu_{\delta\omega}$ 为风向角为 δ_ω 时的努塞特数；K_{angle} 为风向修正系数。

自然对流散热功率可按式(7.6)计算。

$$q_{cn} = 3.645 \rho_f^{0.5} D_0^{0.75} (T_c - T_a)^{1.25} \tag{7.6}$$

导线最终的对流散热取 q_{cn} 和 q_{cf} 的最大值作为其对流散热功率，即

$$q_c = \max\{q_{cn}, q_{cf}\} \tag{7.7}$$

4) 辐射散热功率 q_r

辐射散热与环境温度、导线温度以及线路自身特性(如排列方式、分裂数、导线直径)等参数相关。根据斯特藩-玻尔兹曼定律，导线辐射散热功率为

$$q_r = \pi D_0 \sigma_B \varepsilon \left[(T_c + 237)^4 - (T_a + 237)^4 \right] \tag{7.8}$$

式中，ε 是导线表面的辐射系数，它取决于导线金属的型号以及金属老化和氧化的程度，光亮导线为 0.23～0.43，涂黑色防腐剂的导线或者旧线为 0.90～0.95；σ_B 为斯特藩-玻尔兹曼常数，$\sigma_B = 5.67 \times 10^{-8}$。

7.2.2　导线载流量计算方法

导线稳态运行时，多数正常工况下输电线路的负载变化较慢，可以认为输电线路处于连续的静态热平衡状态，即线路在此负荷下产生的焦耳热和日照吸收太阳能的总量，等于此线路辐射散热和对流散热(强迫对流或者对流散热)的总量，发热和散热平衡，表现在热平衡方程式(7.1)的左端等于零，即

$$I = \sqrt{\frac{q_c + q_r - q_s}{R(T_c)}} \tag{7.9}$$

　　得益于日益完善的电网建设，在用电信息系统广泛应用的大环境下，可通过无线通讯技术获取输电线路沿线的实时气象环境参数，在此基础上，按标准所设定的钢芯铝绞线最高允许运行温度 70℃，经由导线稳态热平衡方程在线计算而得到导线的动态载流量，即是导线的连续载流能力。

　　由式 (7.9) 可知，架空输电线路的最大载流量随着导线最高允许运行温度升高而增大。例如型号为 LGJ-400/35 的钢芯铝绞线，按照导线设计规程，取风速 0.5m/s，日照 1000W/m^2，其最大载流量与最高允许运行温度的关系，如图 7-2 所示。

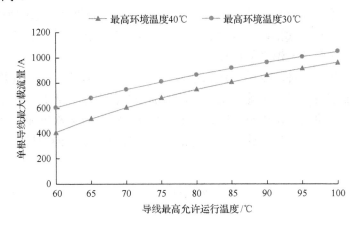

图 7-2　LGJ-400/35 型的钢芯铝绞线载流能力与最高允许温度的对应关系

　　由图 7-2 可知，导线最高允许温度对输电线路载流能力影响较大，导线载流量与导线最高允许运行温度呈正相关的变化规律，可通过适当地提高线路的最高允许运行温度增加输电线路的动态载流量。世界主要国家或地区对钢芯铝绞线的最高允许温度规定[11]，如表 7-1 所示。

表 7-1　世界主要国家或地区对钢芯铝绞线的最高允许温度规定

国家	最高允许温度/℃
美国、日本	90
法国	85
德国、意大利、瑞士、荷兰、瑞典	80
比利时、印度尼西亚	75
中国、苏联	70

从表 7-1 中可知，我国标准规定的钢芯铝绞线的最高允许运行温度较为保守，线路输送能力可供挖掘的潜力很大。但是需要注意的是，如果导线运行温度过高，会导致导线弧垂增大、绝缘距离减小及导线机械强度降低，也会造成接续金具过热，这些因素将会对导线的运行安全造成影响。因此，按照国家标准，后续进行输电线路动态载流能力预测及输电断面 N-1 安全校核时，钢芯铝绞线的最高允许运行温度仍然采用 70℃。

7.2.3　导线温升计算方法

输电线路负荷电流变动可分为两大类：①供电负荷变化引起的平缓波动；②电网潮流转移引起的阶跃变化。相应地，导线运行温度的计算可分为稳态运行温度计算和暂态温升的计算。

导线在某气象环境条件下达到稳态热平衡时，导线产生的焦耳热和日照吸收太阳能的总量等于线路辐射散热和对流散热的总量，此时导线稳态温度由热平衡方程决定。由于热平衡方程中含有导线温度的 4 次方和 2 次方项，且导线电阻随导线温度变化，所以无法直接推导导线温度的解析表达式。对一阶常微分方程

$$\begin{cases} y' = f(x, y) \\ y(x_0) = y_0 \end{cases} \tag{7.10}$$

只要函数 $f(x, y)$ 适当光滑，理论上可以保证式 (7.10) 的解 $y = f(x)$ 存在且唯一。满足上述条件的非常规方程，可以用数值解法求解，例如使用经典四阶 Runge-Kutta 公式，其具有四阶精度，形式如下：

$$\begin{cases} y_{n+1} = y_n + \dfrac{h}{6}(k_1 + 2k_2 + 3k_3 + k_4) \\ k_1 = f(x_n, y_n) \\ k_2 = f\left(x_n + \dfrac{h}{2}, y_n + \dfrac{h}{2}k_1\right) \\ k_3 = f\left(x_n + \dfrac{h}{2}, y_n + \dfrac{h}{2}k_2\right) \\ k_4 = f(x_n + h, y_n + hk_3) \end{cases} \tag{7.11}$$

当线路故障(如 N-1 情况)导致潮流发生转移，或者负荷剧烈变化时，将导致输电线路的载流发生突变，导线产生的焦耳热和日照吸收太阳能的总量

与此线路辐射散热和对流散热的总量不等,导线处于暂态热平衡状态[191]。在暂态热平衡状态下,导线温度变化最主要是由于线路电流的突变,且导线的热时间常数较小,因此,可假设导线的气象环境参数不发生改变,且认为输电线路的初始电流和跃变后的电流已知,可将式(7.1)化为一阶差分方程,即

$$\Delta T_c = \frac{q_J + q_s - q_r - q_c}{mc} \Delta t \tag{7.12}$$

则在时间间隔 Δt 之后,导线温度为

$$T_c(i) = T_c(i-1) + \Delta T_c \tag{7.13}$$

此处, $T_c(i)$ 为第 i 步计算之后的导线温度; $T_c(i-1)$ 为第 i 步计算之前的导线温度,℃。

如此迭代,直到导线温度误差小于设定的收敛阈值(如 0.1℃),则结束计算。

此处需要注意的是,日照吸热功率 q_s 的大小不随输电线路的运行温度改变,因此与电流变化之前的 q_s 一致,而焦耳热功率 q_J、对流散热功率 q_c、辐射散热功率 q_r 与线路的运行温度有关,应利用每次迭代之后的温度重新计算。

7.3　基于数值天气预报的输送容量估计

数值天气预报是基于当前的大气状态,利用大气的数学模型,设定合适的求解初值和边界环境条件,利用大型计算机对海量气象信息数据进行数值计算,通过求解描述天气演变过程的物理方程组,对未来一定时间段的大气运动状态和气象进行预测的方法[192, 193]。目前应用广泛的数值天气预报计算模式主要有以下几类:①中尺度天气研究和预报模式(Weather Research and Forecasting,WRF),该模式由美国气象研究中心、美国国家海洋、大气管理局和空军气象局支持;②区域大气模式系统(Regional Atmospheric Modeling System,RAMS),该系统由科罗拉多州立大学研究与发展;③全球环境多尺度有限地域模式(Global Environmental Multiscale-Local Area Model,GEM-LAM),为加拿大气象服务体系;④高分辨率有限区域模式(High Resolution Limited Area Model,HIRLAM),由欧洲气象的合作研究院支持;⑤ALADIN,由法国气象中心领导的数个欧洲和北非国家的联合组织支持[194]。

因为 WRF 计算模式对微气象物理过程中影响因素考虑较为全面,预报项目包括风速、温度、太阳辐射、湿度和降水量等要素,且相关预报值的相对误差为 8%[195],所以利用 WRF 数值预报产品获取未来 24h 输电线路沿线的气象环境数据,对输电线路未来时刻的载流能力进行估算,可以在无需安装实际微气象监测装置的情况下,实现动态载流值的预测计算,为调度人员掌握输电线路传输能力、优化电网运行方式提供参考依据。

7.3.1 输电线路动态载流能力预测

估算和预测输电线路未来时刻的动态载流能力,需要借助 WRF 数值天气预报系统获取输电线路沿线的气象环境参数预测值,利用式(7.9)计算导线动态载流量。

计及环境预报温度 T_a、预报风速与实际数据的误差,未来 24h 输电线路沿线的环境预报温度及预报风速分别为 $T_a \in [T_{a\min}, T_{a\max}]$,$v \in [v_{\min}, v_{\max}]$,则输电线路的预测动态量存在最大值 $I_{\max}$ 与最小值 $I_{\min}$ 如下:

$$I_{\max} = f(T_{a\min}, v_{\max}) \tag{7.14}$$

$$I_{\min} = f(T_{a\max}, v_{\min}) \tag{7.15}$$

随着数值预报技术的发展,未来 24h 的气象环境数值预报区间预测已较为准确,可以认为实际气象环境数据在数值预报区间内是随机分布的,故输电线路实际的动态载流量在预测动态载流量区间内也是随机分布的,因此规定未来 24 h 线路的预测动态载流量 I_f 为

$$I_f = \frac{1}{2}(I_{\max} + I_{\min}) \tag{7.16}$$

由于输电线路走廊跨越多个区域,不同气象分区内的风速、风向、环境温度和日照强度有所差别,所以可将整个输电线路走廊划分为 N 段,得到输电线路载流量的 N 个预测值,整条线路的动态载流预测值取可 N 段中最小值,即

$$I_f = \min\{I_{f1}, I_{f2}, \cdots, I_{fi}, \cdots, I_{fN}\} \quad i = 1, 2, \cdots, N \tag{7.17}$$

线路的动态载流量预测值 I_f 与实际气象环境参数确定的动态载流量之间的误差为

$$E(I) = I_f - I^* = \frac{1}{2}(I_{\max} + I_{\min}) - f(T^*, v^*) \tag{7.18}$$

式中，T^* 为实际环境温度，℃；v^* 为风速，m/s；I^* 为基于实际环境温度和风速计算的载流量，A。

7.3.2　输电线路载流安全裕度评估

为确保调度人员实时掌握输电线路的运行状态，直观地确定当前运行状态到超过其输电能力之间的参数变化范围，引入输电线路载流安全裕度的概念，如图 7-3 所示。

基于沿线气象环境参数计算而得的线路动态载流量，可将输电线路载流安全裕度表示为输电线路的当前实际载流量与输电动态载流能力之间的变化区间，即

$$I_{\mathrm{margin}} = I_f - I_t \tag{7.19}$$

式中，I_{margin} 为线路的载流安全裕度；I_f 为线路动态载流量；I_t 为线路的实时负载电流，A。

如果

$$I_{\mathrm{margin}} \leqslant 0 \tag{7.20}$$

则意味着输电线路的载流安全裕度不足，调度人员需要进行潮流转移，以确保输电线路的安全运行。

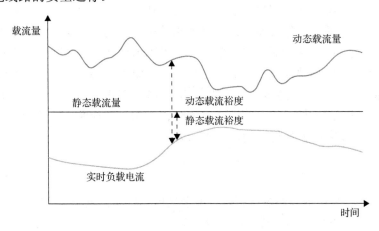

图 7-3　输电线路载流安全裕度示意图

7.4　N-1 准则下的输电断面在线安全校核

7.4.1　N-1 方式下输电断面安全校核思路

当输电断面的部分线路处于重载或者即将过载的工作状态时，如果断面出现 N-1 事故，电网调度及变电运维部门需要实时掌握输电线路的运行状态，在线辨识输电线路的动态载流量，分析输电断面的载流安全裕度，校核输电断面的 N-1 风险水平，提前进行预控，确保连续高温天气等恶劣天气下输电断面的安全稳定运行与电力平稳有序供应。

由于各个气象环境参数与导线动态载流量之间的非线性关系，对线路动态载流量的影响是不同的，所以必须对各种气象影响因素均进行考虑。风速是对线路动态载流量影响最大的环境因素，环境温度与日照强度对输电线路动态载流量也有不同程度的影响。输电线路周围的气象环境参数是实时变化的，因此线路动态载流量的估计需要利用负荷电流以及实时气象环境参数。

此外，输电线路的安全运行除了受到载流量的限制，还受到运行温度等因素限制。虽然运行时导体的温度与电流之间存在密切关联，但是电流在表征线路载流能力上并不等同于运行温度的限制，制约线路载流能力的本质应是运行温度，温度升高时，线长增加，弧垂变大，安全距离减小，可能不满足对地或其他跨越物的电气距离，当线路温度上升至最高气温时，导线会因强度降低而断线，仅以电流表征输电线路的动态载流能力会带来保守或者冒进的结果。

因此，为准确地把握线路的运行状态，还应充分考虑制约输电线路载流能力的物理本质，从运行温度的角度考虑输电线路的安全运行。由于存在热惯性，导线温度变化滞后于电流的变化，即阶跃变化的电流并不立即引起导线温度越限，而是要经过一段时间之后，导线温度才会上升至最高允许运行温度，到达输电线路安全运行的边界[196]，所以在 N-1 方式下还应该进行输电线路温升裕度的校核。输电线路温升安全裕度指输电线路当前的运行温度到允许最高温度之间的变化区间，可表示为

$$T_{\mathrm{margin}} = T_{\max} - T_t \tag{7.21}$$

式中，T_{margin} 为输电线路的运行温度安全裕度；T_t 为输电线路实时运行温度；$T_{\max}$ 为输电线路的最高允许运行温度，℃。

借助 SCADA 系统，等时间间隔采集 N–1 事故之后输电线路周围的气象环境参数值，利用导体热平衡方程实时在线计算导体的动态载流量，确定输电线路的载流安全裕度；基于导线的实时负荷电流，利用导体暂态热平衡方程在线估计潮流转移电流跃变后的导线运行温度，确定输电线路的温升安全裕度，完成 N–1 事故情况下输电线路的载流和温升安全裕度校核。

7.4.2　N–1 方式下导线温升越限时间预警

由于热惯性影响，导线温度升高和电流升高存在时滞效应，如图 7-4 所示。因为气象环境条件的影响，不同工况下输电线路安全时限的变化很大，仅通过导线测温不能有效预判导线温度何时越限。导线温升与电流跃变之间存在时滞效应，若能提前计算并且充分利用线路热惯性时间，可为负荷调整或过负荷保护等赢得时间。

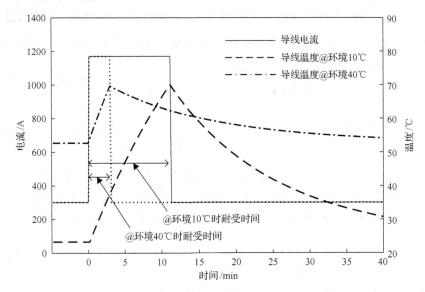

图 7-4　导线过负荷时导线电流–温度响应曲线示例图

LGJ400/35，最大载流量 I_{max}=585A，从 0.5 I_{max} 阶跃至 2 I_{max}，环境气象条件：无风，日照 800W/m²

因导线的热时间常数为分钟级，故假设该段时间的气象环境参数不改变，利用式(7.13)推导得到线路从当前运行温度 T_{c0}，即电流越限时刻 t_1，上升至线路最大允许温度所需时间 t_{cs}，具体过程如下。

导线的强迫对流散热功率取决于风速及风向角，在风速较高的情况下，可仅考虑强迫对流散热，忽略自然对流散热。

将式(7.2)、式(7.3)、式(7.7)和式(7.8)代入式(7.1)，可得

$$m \cdot c \cdot \frac{dT_c}{dt} = I^2 R(T_c) + \alpha D_0 Q_s \sin \theta_s - \pi \lambda_f (T_c - T_a) Nu_{\delta\omega} K_{\text{angle}}$$
$$- \pi D_0 \sigma_{\text{B}} \varepsilon \left[(T_c + 237)^4 - (T_a + 237)^4 \right]$$

(7.22)

式中，$R(T_c) = R_a + \beta(T_c - T_a)$，$\beta$ 为电阻随温度的变化率。令 $C = I^2 R_a + \alpha Q_s D_0 \sin \theta_s$，可知 C 为常数，且在动态变化中环境温度不发生改变。可得

$$m \cdot c \cdot \frac{d(T_c - T_a)}{dt} = C + \left\{ I^2 \beta - \pi \lambda_f Nu_{\delta\omega} K_{\text{angle}} \right.$$
$$\left. - \pi D_0 \sigma_{\text{B}} \varepsilon \left[(T_c + 237)^2 + (T_a + 237)^2 \right] (T_c + T_a + 546) \right\} (T_c - T_a)$$

(7.23)

令 $K = \left[(T_c + 237)^2 + (T_a + 237)^2 \right] (T_c + T_a + 546)$ 为 T_c 的函数。可知当温度变化时，K、$Nu_{\delta\omega}$ 及 λ_f 均随温度的变化而变化，如式(7.24)和式(7.25)所示。

$$\frac{d\lambda_f / dT_c}{\lambda_f} = \frac{3.6 \times 10^{-5}}{2.42 \times 10^{-2} + 7.2 \times 10^{-5} \times (T_c + T_f)/2} \leqslant 1.49 \times 10^{-3} \quad (7.24)$$

$$\frac{dv / dT_c}{v} = \frac{4.75 \times 10^{-8}}{1.32 \times 10^{-5} + 9.5 \times 10^{-8} \times (T_c + T_f)/2} \leqslant 3.6 \times 10^{-3} \quad (7.25)$$

可知 λ_f 与 v 的变化很小，故可以近似认为 λ_f 与 v 为常数，且空气密度 ρ_f 的变化范围很小，也可假设为常数，则努塞尔数 $Nu_{\delta\omega}$ 也可近似为常数。

令 $A = I^2 R_a + \alpha Q_s D_0 \sin \theta_s / mc$ 为常数，进一步简化方程可得

$$\frac{d(T_c - T_a)}{dt} - B(T_c - T_a) - A = 0 \quad (7.26)$$

式中，$B = (I^2 \beta - \pi \lambda_f Nu_{\delta\omega} K_{\text{angle}} - \pi D_0 \sigma_{\text{B}} \varepsilon K) / mc$。

解微分方程式(7.26)的初始条件为越限时刻时 t_0 的运行温度 T_{c0}，当 $t = \infty$ 时，根据静态导线载流平衡方程可以求得越限时刻的电流对应的导线稳态温度 T_∞，并且按此稳态温度求取 K、$Nu_{\delta\omega}$ 及 λ_f 的值，进而得到 B 的值。导体的温度与时间的关系表达式为

$$T_c = T_a - \frac{A}{B} + \left(T_{c0} - T_a + \frac{A}{B}\right)\exp(Bt) \tag{7.27}$$

导线通过的电流变大时，导线温度是逐渐增大，并最终达到静态平衡。由式(7.28)可求得导线电流增加时，导线温度上升至最高允许温度 T_{max} 所需的时间为

$$t_{cs} = \frac{1}{B}\ln\left(\frac{T_{max} - T_a + A/B}{T_{c0} - T_a + A/B}\right) \tag{7.28}$$

由于全输电线路走廊跨越的多个区域的风速、风向、环境温度、湿度和日照强度这些气象变量有些许区别，故可将全输电线路走廊划分为 N 段，得到 N 个安全耐受时间值，整条线路的安全耐受时间取为 N 段中最小值，表示为

$$t_{csm} = \min\left\{t_{cs1}, t_{cs2}, \cdots, t_{csi}, \cdots, t_{csN}\right\} \quad i = 1, 2, \cdots, N \tag{7.29}$$

除获取完成负荷转供的时间裕度以外，还应实时辨识线路的温度安全裕度，进行线路运行温度的安全预警。以越限时刻为初始时刻，等时间间隔采样输电线路的运行电流以及实时气象环境参数，利用式(7.21)，计算得到线路从越限时刻的运行温度 T_t 到最大允许运行温度 T_{max} 的安全裕度 T_{margin}，利用实时安全裕度 T_{margin} 完成运行温度的安全预警。

(1)当 T_{margin} 逐渐减小时，且小至 5℃时，则发出告警信号，告知作业人员线路的安全运行裕度不足，需要采取相关措施保证电网的稳定与安全；当 T_{margin} 逐渐增大时，且大于 5℃时，则解除告警信号，告知作业人员输电线路的安全运行裕度充足。

(2)当 $T_{margin} \leqslant 0$℃时，系统调度运行人员应当完成负荷切除或者负荷转供，确保整个电网的安全稳定。

电网调度工作人员可借助上述输电线路的运行温度告警方法，评估输电线路的温度安全裕度，以及利用导线的安全耐受时间，对将要达到安全运行边界的线路，完成负荷转供或者负荷切除，实现连续高温下电网的协调控制，确保整个电网的安全性与稳定性。

7.4.3　输电断面 N-1 在线安全校核流程

当电网发生潮流转移导致输电线路电流跃变时，利用导线温升表征线路过电流耐受能力，准确预测线路的实时安全状态；基于输电线路地理信息和

沿线气象观测站分布特征，分区分段获取线路运行气象环境的实况值和预报值，计算线路温升响应以准确预测输电线路过电流安全耐受时间值。将耐受时间信息反馈至电网调度系统，为精准的安稳控制提供时间依据，同时关注控制期间导线温度变化轨迹，若仍有超过最高允许运行温度的危险情况，则利用稳控装置实行有序切负荷操作，保证电力系统的稳定。连续高温重负荷下输电断面 N-1 安全校核的流程图如图 7-5 所示。

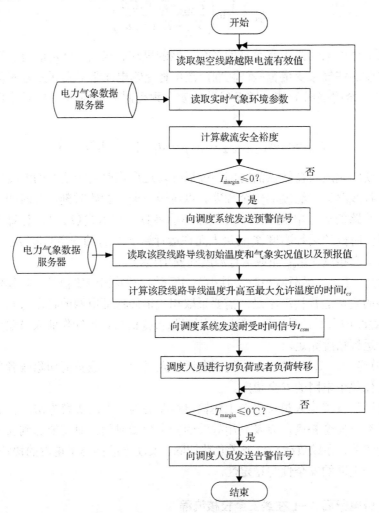

图 7-5　连续高温重负荷下 N-1 安全校核流程

7.5　算 例 分 析

　　以图 7-6 所示的电气接线图为例,对输电线路某一分区的动态载流能力进行预测以及载流安全裕度的评估。选取某地区某 110kV 输电断面作为算例,该断面通过双回线路向本地负荷以及下一级线路供电,其中输电线路的型号是 2×LGJ-300/25(二分裂导线),具体参数如表 7-2 所示。以输电断面的 2017 年 7 月 27 日为例(当天处在极端高温天气下),其环境温度与风速预测数据如图 7-7 所示。

　　连续高温天气下,当输电断面通过双回线路输电时,基于 WRF 数值天气预报,预测估计的输电线路的动态载流能力,如图 7-8 的虚线所示。

　　由图 7-8 可知,基于 WRF 数值天气预报计算的导线动态载流量,相比静态载流量,裕度更大。当输电线路的载流安全边界设置为线路的预测动态载流量时,即使在线路负荷最重的 13:00,也留有 462A 的载流安全裕度,线路

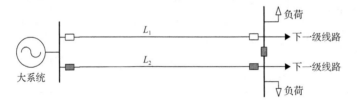

图 7-6　输电断面的网络架构示意图

表 7-2　LGJ-300/25 型号的导线参数

导线参数	值	导线参数	值
导线外径 D_0/mm	23.80	20℃钢的比热容/(J/(kg·℃))	481
钢芯直径/mm	6.67	20℃钢比热容温度系数	$1×10^{-4}$
铝线直径/mm	2.85	20℃铝的比热容/(J/(kg·℃))	897
截面积/mm^2	333.31	20℃铝比热容温度系数	$3.8×10^{-4}$
辐射系数 ε	0.9	单位长度钢质量/(kg/m)	212
吸热系数 α	0.9	单位长度铝质量/(kg/m)	845
20℃交流电阻/(Ω/m)	$9.7201×10^{-5}$	长期运行时的最高允许温度 T_N/℃	70
70℃交流电阻/(Ω/m)	$11.6836×10^{-5}$	短时最高允许温度 T_E/℃	100

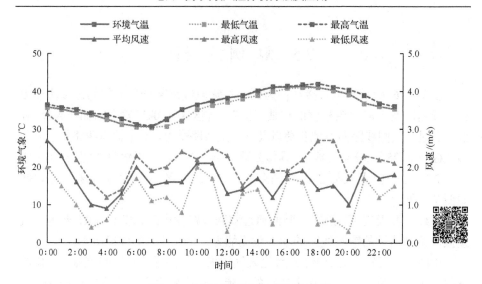

图 7-7　2017 年 7 月 27 日气象参数

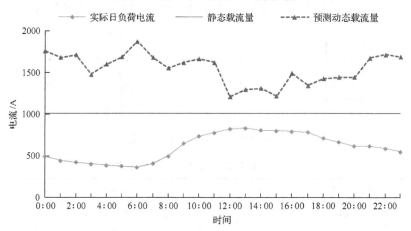

图 7-8　输电线路的动态载流能力评估结果

的容量利用率存在较大的扩展空间，调度人员有充足的时间制订该线路未来时间点的流量计划，实现现有调度计划的优化，既可保证线路在安全限定条件下运行，又可最大限度地挖掘线路输电潜力。

当输电线路 L_1 因故障或检修退出运行时，输电断面仅通过 L_2 送电，L_2 将会承受因潮流转移引起的接近于 2 倍的负荷电流，输电断面通过单回线路送电时的动态载流量如图 7-9 所示。可知当输电断面发生 $N-1$ 潮流转移之后，8：00～9：00 之间的某个时刻输电线路的载流值将会超过静态最大载流值，但是并未越过输电线路的动态载流量，仍留有一定的载流安全裕度，在动态热定值下仍可以安全可靠运行。但是 12：00～18：00 当输电断面发生 N–1 潮流转移之后，该输电断面不再满足 N–1 准则，电网调度人员需要在该时间段内采取负荷转移或者切负荷等措施，保证输电线路留有足够的安全裕度，保证输电断面的可靠运行。例如，在 13：00 时，电网调度人员应该切除或者转移至少 382A 负荷电流，才可以保证输电线路运行在载流安全边界之内。

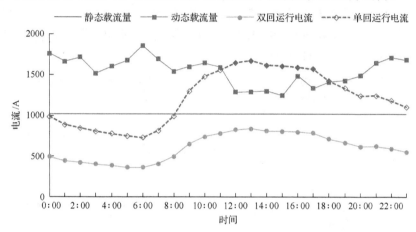

图 7-9　N–1 方式下导线载流安全裕度校核结果

由于存在热惯性，输电线路的温度变化滞后于电流的变化，而运行温度又是制约输电线路安全运行问题的物理本质，故还应实时辨识输电线路的运行温度，输电线路的实时温度如图 7-10 所示。

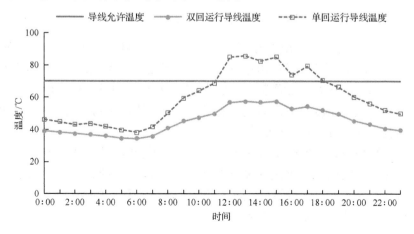

图 7-10　N–1 方式下导线温度裕度校核结果

由图 7-10 可知，当系统通过双回线路向负荷供电时，输电线路具有充足的温度安全裕度，不存在越限时刻。当输电断面仅通过单回线路送电时，针对 0：00～11：00 之间输电断面发生 $N-1$ 潮流转移之后，单回线路在动态热定值运行方式下能确保电力的平稳供应。当线路 L_1 在 13：00 发生跳闸时，L_2 将会承受因潮流转移引起的负荷电流 1669.40A，发生了电流越限，不再满足 $N-1$ 准则，需要确定电流越限时刻上升至线路最大允许温度时刻的时间长度 t_{csm}，为电网调度人员完成负荷转供或者负荷切除提供参考。利用式(7.29)计算可得 t_{csm}=4.52min，采用 IEEE 模型对计算结果的准确性进行验证，计算的温升响应曲线如图 7-11 所示。

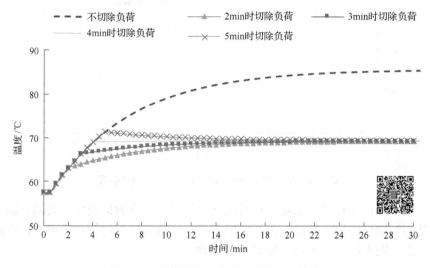

图 7-11　导线温度对阶跃电流的响应曲线

由图 7-11 可知，利用 IEEE 模型计算的导线温度响应曲线，所得的时间裕度为 4.75min。由于式(7.28)推导过程中假设 λ_f 与 v 为常数，但导线在实际运行中 λ_f 与 v 是随着导线温度提高而增大的，故计算的时间裕度相比于 IEEE 标准计算的时间裕度更小，但误差范围是可接受的，由此可见，本章提出的时间裕度的计算方法是合理的。

在计算输电线路的耐受时间之后，还应将耐受时间信息反馈至电网调度系统，为精准的安稳控制提供时间依据，同时关注控制期间导线温度变化轨迹，若仍有超过最高允许运行温度的危险情况，则利用稳控装置实行有序切负荷操作，保证电力系统的稳定。

根据识别的潮流转移路径及支路过负荷程度，调度人员可采取以下措施实现输电断面降风险：①主动切机切负荷措施，如防连锁过载的紧急减载策略[197]，这样有利于缓解非故障线路的过负荷状态，缺点是降低了某些负荷的供电可靠性，特别是瞬时性故障时(如平行双回线瞬时故障、直流单极瞬时闭锁)，系统运行状态可恢复，故没有必要采取主动减载措施；②采取后备保护自适应调整策略[198-200]，如距离保护采取增加负荷限制线的方法来防止过负荷情况下的保护误动，后备保护根据"过负荷电流—承受时间"曲线实时调整远后备保护的动作时限。

本算例采用的降风险措施为切除过载部分的负荷，以 13：00 为例，电网调度人员分别在越限时刻之后 1min、2min、3min、4min、5min 切除或者转移 400A 负荷电流时(比估算的 382A 略多)，输电线路的温度变化轨迹如图 7-11 所示。对输电线路的温度变化轨迹进行列表分析，如表 7-3 所示。

由表 7-3 对比分析可知，在耐受时间(4.52min)之内切除或者转移负荷电流时，当切除过载负荷的时间分别是过载之后的第 2min、3min、4min 时，在第 5min(13：05)时对应的导线温升分别是 64.1℃、65.5℃、67.2℃、69.2℃，且输电线路的最终温升稳定在 69.4℃，不会超过最高允许运行温度，可保证在安全限定条件下运行；但在耐受之间之内未切除或者转移负荷电流时，例如切除过载负荷的时间为 5min 时，导线温度为 71.5℃，已经超过线路最高允许运行温度，不再满足安全运行条件。

表 7-3　不同的切除过载负荷时刻引起的导线温升对比

切除过载负荷的时刻/min	13：05 时导线温升/℃	最终稳定温升/℃
1	64.1	69.4
2	65.5	69.4
3	67.2	69.4
4	69.2	69.4
5	71.5	69.4

综上可知，本章所提的潮流转移初期主动预测线路安全性能的实时变化趋势，在不需添加昂贵设备的前提下，依靠输电线路现有的微气象站或者数值气象预报系统，就可以准确预测线路的过电流耐受时间，最大限度地挖掘输电线路耐受潮流转移过电流能力。在电网调度部门应对紧急突发情况及时采取处理措施时，及时将当前输电线路的安全耐受能力反馈至电网调度系统，主动协调安稳控制消除被保护线路的过电流，保证电网安全稳定，有效避免

发生输电线路相继过载导致的连锁跳闸事故，保证电网安全稳定运行。

7.6　本 章 小 结

　　本章研究了时变气象环境下输电线路输送能力在线评估及安全校核问题。以导线热平衡方程为基础，分析了输电线路载流能力与温度计算方法，建立了时变气象环境下基于数值天气预报的导线动态载流能力预测方法和载流安全裕度评估方法，研究了输电断面 N–1 在线安全校核与温升越限预警方法。通过研究，得到以下结论：

　　(1)提出了基于数值天气预报的输电线路动态载流裕度评估方法。输电线路的最大传输能力主要受气象环境条件影响，以导线热平衡方程为基础，提出了计及数值天气预报波动范围的导线动态载流裕度预测方法，由此将导线的载流能力估计变为在线实时载流能力预测，避免给载流能力和安全裕度分析带来保守或者冒进的结果。通过算例分析，验证了所提方法的有效性，预测的输电线路的动态载流能力和安全裕度，可为高温天气下调度人员安排电网运行方式提供参考依据。

　　(2)提出了输电断面 N–1 在线安全校核与温升越限预警方法。已有 N–1 安全校核主要检验线路的潮流增加后的长期耐受能力是否足够，且采用的是极端最不利气象环境条件。本章根据输电线路所处的外部气象环境参数和电热耦合时滞效应，将 N–1 安全校核由离线评估变为在线分析，即利用实时气象信息，给出 N–1 事件发生后载流安全裕度指标，以及线路温度越限时间预警。算例分析表明，所提方法准确、有效，校核结果有助于运行人员掌握输电线路的安全裕度，确定过负荷安全耐受时限，为调度员完成负荷转供，消除输电线路过负荷提供了决策参考依据。

第8章 大风环境下输电线路电气绝缘距离安全校核

8.1 引 言

如绪论部分所述,在引发电网事故的自然因素中,大风是最为严重的一种。大风主要是指风力在8级(速度在17.2m/s)及以上的风。大风灾害的影响范围广、突发性强,对输电线路和杆塔等户外电力设施的直接危害主要包括:

(1)线路倒杆(塔)断线。强风对架空输电线路造成的水平风载和台风时向上抽吸的虹吸效应造成的上拔风载,是大风造成倒塔断线事故的主要原因。在沿海地区,面向海口、高山上风口处的线路杆塔,以及台风登陆后在台风前进方向和旋转的上风处的线路杆塔,因遭受到超过其设计标准的风压的作用,就会造成倒杆、铁塔折弯和导线断线等事故。

(2)输电线路风偏放电。输电线路中有大跨越、大档距、大弧垂的导线,在强风作用下易产生较大风偏,使导线因与杆塔或距离较近的建筑物、树木、其他交叉跨越线路之间的电气距离不足而引发放电。耐张杆塔、转角杆塔上的跳线,以及变电站架空软母线或设备引流线在构架上的跳线,因固定不牢、弧垂过大,在强风作用下发生风偏,使跳线与杆塔或构架的电气距离不足而造成放电。

近年来,相比于断线倒塔等恶性事故,输电线路风偏放电则发生更多,严重影响电网的安全稳定运行,同时造成了巨大的经济损失。经统计[201],国家电网公司在2007~2011年间,66kV及以上输电线路,每年因风偏放电发生跳闸次数分别为157、93、79、174、85次,跳闸率(次/(100km·a))分别为0.0346、0.0185、0.0143、0.029、0.014;引起线路故障停运分别为83、56、32、69、32次,重合成功率分别为47.1%、39.8%、59.5%、60.3%、62.4%,其中,发生风偏跳闸的主要方式是线路对杆塔放电。

大风造成线路风偏放电的根本原因是线路-杆塔空气间隙不满足设计规程。如果能提高线路的设计标准,即可提高线路的防风水平,但是随着设计标准的提高,塔头尺寸、杆塔及基础等都要加强或加大,这势必增加线路的本体投资。据测算,单回220kV线路,若将最大设计风速由25m/s提高为28m/s,线路的本体投资就需增加10%[202],而且一次系统的投资随设计标准的提高将迅速增长。所以，仅靠投资提高线路设计标准的机会成本已大于其所能减少的风险值，不满足经济原则，还需要与电网的安全评估和风险理论体系及停电防御系统的优化相结合[203]。

因此，本章对杆塔结构相关的输电线路风偏放电机理进行了具体分析，结合设备所处的气象环境信息，同时考虑降雨对导线-杆塔空气间隙放电电压的影响，提出一种利用气象信息进行输电线路风偏放电电气绝缘距离校核的思路，并建立计及降雨修正的直线型杆塔导线以及耐张型杆塔跳线对塔身风偏放电的电气绝缘距离在线校核模型。该模型输出结果可为电网运行调度人员提供科学的技术支撑，提前做好有针对性的预防控制措施和紧急控制预案，力求将大风灾害的影响减到最低。这对加强电网的风险分析和防御停电水平，保障输电线路的安全运行，提升电网适应日趋频繁的气象灾害的能力，都具有极其重要的意义。

8.2　风偏放电机理与导线风偏角计算模型

8.2.1　风偏放电机理分析

线路发生风偏放电的本质原因是在大气环境中出现的各种不利条件(如强风、降雨等)，造成线路与杆塔间的空气间隙减小，当间隙的绝缘强度不能承受系统运行电压时就会发生击穿放电[204]。间隙的绝缘强度依据规定可以通过允许的最小间距离 L 表示，而输电线路在风偏状态下至塔身的最小距离 x 可以通过悬垂绝缘子串的风偏角 θ 及杆塔结构参数计算得到。

悬垂绝缘子串风偏角与其所受的侧向风速正相关，风速越大，风偏角越大，线路至塔身的最小距离 x 也就越小。降雨对允许的最小间隙距离 L 有较大影响，特别是暴雨情况下，雨水在大风的引导下很可能形成与放电方向相同的雨线，而雨水的介电常数比空气的大很多(约为 80∶1)，使得放电间隙中雨滴颗粒附近的空间场强增强，导致空气间隙放电电压降低。可见，风偏放电主要与风速、降雨强度这两个气象参数有关，同时还与线路和杆塔的具体结构参数紧密相关。

由于杆塔形式各异，更有特殊杆塔存在，所以本章根据前述电网输电线路风偏放电事故的历史统计结果，仅针对最常见的、较易发生风偏的单回路酒杯型直线塔导线、单回路干字型耐张塔跳线和双回路铁塔架空线路对塔身的风偏放电情况进行安全校核。对于其他特殊杆塔，采用同样的原理，进行单独计算即可。

8.2.2　风偏角计算模型

绝缘子串风偏角计算的主要模型有：①刚体直杆法，即假设悬垂绝缘子串为均匀的刚性直杆，通过静力平衡来计算其风偏角；②弦多边形法，将每片绝缘子两端的连接当成铰接，按弦多边形的方法求取悬垂绝缘子串的水平和垂直投影长度，然后计算风偏角。为方便在线校核计算，本章采用修正后的悬垂绝缘子串刚体直杆模型[144]，并假设导线单位长度上的荷载沿档距均匀分布，如图 8-1 所示。

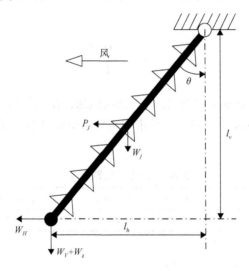

图 8-1　刚体直杆模型示意图

1）导线自重比载 g_1 计算

导线自重比载是指导线单位长度、单位截面积承受的荷载，即

$$g_1 = \frac{W_0 \cdot g}{S} \cdot 10^{-3} \tag{8.1}$$

式中，g_1 为导线自重比载，$\text{N/(m·mm}^2)$；W_0 为导线自重，kg/km；g 为重力加速度；S 为导线截面积，mm^2。

2）导线风比载 g_4 计算

$$g_4 = \frac{\alpha \cdot K \cdot (v_y \cdot \sin\gamma)^2 \cdot d}{16 \cdot S} \cdot g \cdot 10^{-3} \tag{8.2}$$

式中，g_4 为垂直于导线方向的导线风比载，N/(m·mm²)；α 为风压不均匀系数，其值与风速的关系由《110～750kV 架空输电线路设计规范》规定，具体如表 8-1 所示；K 为导线体型系数，线径小于 17mm 或覆冰时（不论线径大小）应取 K=1.2，线径大于或等于 17mm 时，取 K=1.1；d 为导线外径，mm；γ 为预测风向与导线走向之间的夹角，(°)；v_y 为按下式换算得到导线高度处的风速，m/s。

$$v_y = v_g \cdot \left(\frac{H}{10}\right)^\mu \tag{8.3}$$

式中，v_g 为气象局提供的离地 10m 高处的风速；H 为导线高度；μ 为地面粗糙度指数，按类别海上、乡村、城市和大城市中心 4 类分别取 0.12、0.15、0.22 和 0.30[205]。

表 8-1　风压不均匀系数 α

风速 v/(m/s)	$v<20$	$20\leqslant v<27$	$27\leqslant v<31.5$	$v\geqslant31.5$
α（计算线路荷载）	1.00	0.85	0.75	0.70

注：对跳线计算，α 宜取 1.0。

3）悬垂绝缘子串风压 P_j 计算

$$P_j = \frac{n \cdot A \cdot v_y^2}{16} \cdot g \tag{8.4}$$

式中，P_j 为绝缘子串风压，N；n 为绝缘子串数，单联绝缘子串取 n=1，双联绝缘子串取 n=2，以此类推；A 为绝缘子串受风面积，m²。

4）悬垂绝缘子串风偏角 θ 计算

$$\theta = \arctan\frac{0.5P_j + W_H}{0.5W_j + W_V + W_z} = \arctan\frac{0.5P_j + S \cdot g_4 \cdot l_h}{0.5W_j + S \cdot g_1 \cdot l_v + W_z} \tag{8.5}$$

式中，P_j 为绝缘子串中心处横向水平风荷载，N；W_j 为绝缘子串自身的重力荷载，N；W_H 和 W_V 分别为绝缘子串末端导线的水平风荷载和导线重力荷载，N；W_z 为重锤重量，N；l_h 为水平档距，m；l_v 为垂直档距，m。

此外，需要说明的是，2012 年修订后的 GB/T 50009-2012《建筑结构荷载设计规范》对不同高度风速值进行换算时仍采用指数律风速剖面（风廓线）公式，但又按 A、B、C、D 四类地面粗糙度等级分别进行修正，即

$$v_y = \beta \left(\frac{Z}{10} \right)^{z_0} v_g \tag{8.6}$$

式中，z_0 为风切变指数；β 为修正系数。z_0 和 β 取值见表 8-2。

因此，新规范实施之前，旧标准由 10m 高程的风速换算到线路杆塔高度处的风速，要比新规范实施之后的值小，这对已建成的线路运行来说存在"设计值偏低"的缺陷，需要更加注意风偏放电安全校核。

表 8-2　风切变指数 z_0 和修正系数 β 取值表

离地面或海平面高度/m	地面粗糙度类别			
	A	B	C	D
z_0	0.12	0.15	0.22	0.30
β	1.1331	1.0000	0.7376	0.5119

表 8-3 列出了计算悬垂绝缘子串风偏角所需的线路参数，再结合气象预报数据、表 8-3 和式(8.1)～式(8.5)即可计算出悬垂绝缘子串的风偏角 θ，以供输电线路风偏放电安全校核。

表 8-3　悬垂绝缘子串风偏角计算所需参数表

悬垂绝缘子串				导线			计算档距	
受风面积 A/m^2	串数 n	自重 W_j/N	重锤重量 W_z/N	外径 d/mm	截面积 S/mm^2	单位重量 $W_0/(\text{kg/km})$	水平档距 l_h/m	垂直档距 l_v/m

8.3　风偏状态下线路至塔身的最小间隙距离

输电线路风偏电气绝缘距离安全校核的关键问题在于，如何根据风偏角及线路、杆塔、绝缘子串结构等参数，计算线路至塔身的最小空气间隙距离[206]。目前，工程上常采用作图法（间隙圆法）进行风偏安全校核，但由于作图较为繁琐，不适合计算机进行程序化处理[207]。本章在作图法的基础上，分别针对典型的酒杯型直线塔以及干字型耐张塔，通过建立杆塔、导线或跳线

与待求间隙之间的几何关系，推导出了对应的最小空气间隙距离的计算表达式。

8.3.1　导线-直线塔最小空气间隙的计算

图 8-2 所示为酒杯型直线塔风偏放电校核分析图，图中各参数物理意义见表 8-4。

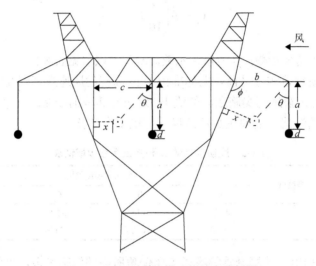

图 8-2　酒杯型直线塔风偏放电分析图

表 8-4　酒杯塔风偏放电校核所需参数表

符号	物理意义
a	悬垂绝缘子串长度(包括连接金具)/m
b	边相横担长度/m
c	中相悬垂绝缘子串至塔身主材的水平距离/m
d	导线外径/m
ϕ	塔身主材与边相横担夹角/(°)
θ	风偏角/(°)(由计算得到)

由图 8-2 可以看出，酒杯型直线塔的中相和边相结构不相同，因此风偏状态下导线–塔身最小间隙距离的计算公式也截然不同。另外，在计算过程中，还应考虑实际输电线路为非分裂式和分裂式导线的情况。因此，下面分别以非分裂式导线、220kV 常用的双分裂导线和 500kV 常用的四分裂导线为例，

来说明不同类型输电线路的酒杯塔中相导线及边相导线的风偏放电安全校核，具体计算公式分别见表 8-5 和表 8-6。表中模型为《电力工程高压送电线路设计手册》中悬垂绝缘子串实际组装图的简化[208]。

表 8-5　酒杯塔中相导线至塔身最小间隙 x 计算公式表

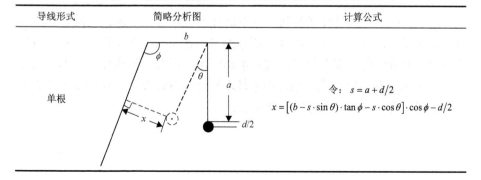

导线形式	简略分析图	计算公式
非分裂式		令：$s = a + d/2$ $x = c - s \cdot \sin\theta - d/2$
双分裂垂直排列		令：$s = a + d/2 + e$ $x = c - s \cdot \sin\theta - d/2$
双分裂水平排列		令：$s = a$ $x = c - s \cdot \sin\theta - d/2 - (e/2) \cdot \cos\theta$
四分裂		令：$s = a + e$ $x = c - s \cdot \sin\theta - d/2 - (e/2) \cdot \cos\theta$

注：参数 e 为分裂导线的分裂间距，下同。

表 8-6　酒杯塔边相导线至塔身最小间隙 x 计算公式表

导线形式	简略分析图	计算公式
单根		令：$s = a + d/2$ $x = [(b - s \cdot \sin\theta) \cdot \tan\phi - s \cdot \cos\theta] \cdot \cos\phi - d/2$

导线形式	简略分析图	计算公式

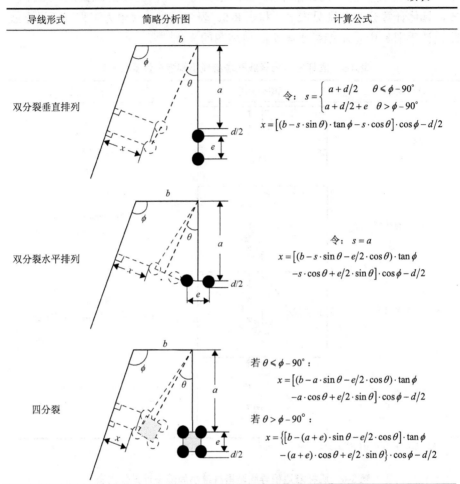

双分裂垂直排列

$$令：s = \begin{cases} a + d/2 & \theta \leqslant \phi - 90° \\ a + d/2 + e & \theta > \phi - 90° \end{cases}$$

$$x = [(b - s \cdot \sin\theta) \cdot \tan\phi - s \cdot \cos\theta] \cdot \cos\phi - d/2$$

双分裂水平排列

$$令：s = a$$

$$x = [(b - s \cdot \sin\theta - e/2 \cdot \cos\theta) \cdot \tan\phi - s \cdot \cos\theta + e/2 \cdot \sin\theta] \cdot \cos\phi - d/2$$

四分裂

若 $\theta \leqslant \phi - 90°$：

$$x = [(b - a \cdot \sin\theta - e/2 \cdot \cos\theta) \cdot \tan\phi - a \cdot \cos\theta + e/2 \cdot \sin\theta] \cdot \cos\phi - d/2$$

若 $\theta > \phi - 90°$：

$$x = \{[b - (a + e) \cdot \sin\theta - e/2 \cdot \cos\theta] \cdot \tan\phi - (a + e) \cdot \cos\theta + e/2 \cdot \sin\theta\} \cdot \cos\phi - d/2$$

　　至于其他多分裂导线风偏状态下至酒杯型直线塔塔身的最小间隙距离可类似推导得出。另外，对如图 8-3 所示的另一常用的猫头型直线塔导线风偏放电预警也可以套用表中公式，这里不再赘述。而对其他诸如上字形、叉骨形、V 字形等种类的直线塔则需根据杆塔构造具体计算，但风偏放电计算及安全校核时的主要思想仍万变不离其宗。

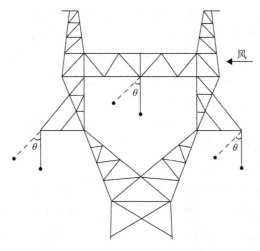

图 8-3　猫头型直线塔

8.3.2　跳线-耐张塔最小空气间隙的计算

耐张塔风偏放电主要表现在干字型塔跳线(或称引流线)在大风时对塔身放电，尤其是干字型塔中相引线，多采用如图 8-4 所示的单跳串瓷绝缘子加跳线托架悬挂(俗称扁担线夹)，使跳线远离塔身。由于托架与杆塔仅靠单点

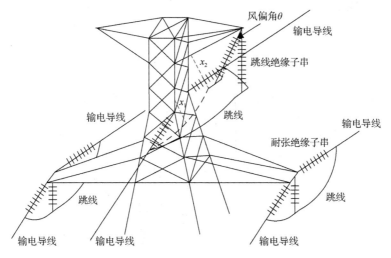

图 8-4　常见干字型耐张塔示意图

连接，该方式稳定性较差：当受侧向风作用时，托架在向塔身偏移的同时，围绕跳串挂点产生了一个转动惯量，引起托架前后旋转。当两侧跳线弧垂较小时，线条具有一定张力，可较好地抑制该变化趋势，当两侧跳线弧垂较大的情况下，线条张力小，难以抑制该变化趋势，导致跳线对耐张串挂点附近的间隙不够，从而发生闪络放电[146]。

由于中相跳线多采用单串悬垂绝缘子加跳线托架悬挂，因此中相跳线的风偏角 θ 计算仍按照悬垂绝缘子串的风偏角公式(8.1)～式(8.5)计算。只需注意规范规定：对跳线而言，风压不均匀系数 α 宜取 1.0。

1) 干字型塔中相跳线风偏放电电气绝缘距离安全校核

统计历史风偏跳闸信息发现，干字型耐张塔的中相跳线对塔身风偏放电形式有两种：对耐张串挂点附近放电，如图 8-4 中的 x_1；对塔头横担附近放电，如图 8-4 中的 x_2。下面分别介绍可能出现的两种情况跳线-塔身最小空气间隙距离的计算。

情况 1：中相跳线对耐张串挂点附近放电。

图 8-4 所示的干字型耐张塔的中相跳线档俯视图如图 8-5 所示，图中各参数物理意义如表 8-7 所示。为便于计算，假设：①忽略跳线支撑管的长度；②跳线处在其与支撑管连接点和与耐张串连接点所在的垂直平面内；③忽略铁塔塔头倾角。

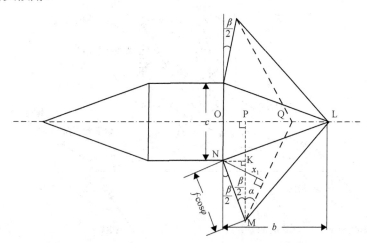

图 8-5 干字型塔中相跳线档俯视图(导线挂于边缘)

表 8-7　干字型塔中相跳线风偏校核所需参数表(1)

符号	物理意义
a(未画出)	中相跳线悬垂绝缘子串长度(包括连接金具)/m
b	中相横担长度/m
c	中相耐张串挂点处塔身断面宽度/m
f	耐张绝缘子串长度/m
β	线路转角/(°)
φ	耐张绝缘子串倾角/(°)
θ	风偏角/(°)(由计算得出)

如图 8-5 所示,过 M 做 OL 的垂线交之于点 P,过 N 做 MP 的垂线交之于点 K,则干字型铁塔中相跳线至耐张串挂点附近塔身的最小空气间隙 x_1 的计算公式为

$$
\begin{cases}
\angle\alpha = \arctan\dfrac{b-(a+d/2)\cdot\sin\theta - f\cdot\cos\varphi\cdot\sin(\beta/2)}{f\cdot\cos\varphi\cdot\cos(\beta/2)+c/2} \\[2mm]
x_1 = f\cdot\cos\varphi\cdot\sin\left(\alpha+\dfrac{\beta}{2}\right)-\dfrac{d}{2}
\end{cases}
\tag{8.7}
$$

值得注意的是,如图 8-6 所示,一方面,上述计算忽略了跳线支撑管的长度,因此实际的 x_1' 应比计算所得的 x_1 略大些;另一方面,上述计算中假设了跳线始终处在支撑管连接点与耐张绝缘子串连接点所在的垂直平面内,而

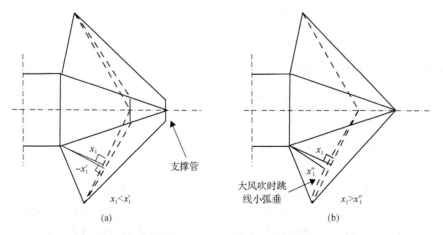

图 8-6　考虑跳线支撑管(a)及风吹跳线出现小弧垂(b)情况时说明图

实际上，侧向大风吹跳线时有可能会使跳线偏离该平面形成小弧垂，从而更加靠近杆塔，若将此考虑进去，则实际的 x_1'' 应比计算所得的 x_1 略小些。因此，两方面因素的影响将大部分相互抵消，使之对计算结果的最终影响很小；再一方面，由于铁塔塔头倾角较小，且考虑其的计算公式太复杂。因此可以认为上述假设不仅简化了计算，而且计算结果精度较高，适用于干字型塔跳线风偏放电的电气绝缘距离在线校核。

此外，除了常见的干字型耐张塔中相导线悬挂于塔身结构的边缘位置外（靠近跳线悬垂绝缘子串侧），中相导线还有可能悬挂于塔身结构的中心线处，其中相跳线档俯视图如图 8-7 所示。

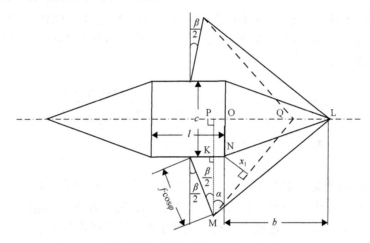

图 8-7　干字型塔中相跳线档俯视图（导线挂于中心）

同理可得，此种干字型铁塔中相导线悬挂形式下，中相跳线至耐张串挂点附近塔身的最小空气间隙 x_1 的计算公式为

$$\begin{cases} \angle\alpha = \arctan\dfrac{b-(a+d/2)\cdot\sin\theta - f\cdot\cos\varphi\cdot\sin(\beta/2)+l/2}{f\cdot\cos\varphi\cdot\cos(\beta/2)+c/2} \\ x_1 = f\cdot\cos\varphi\cdot\sin\left(\alpha+\dfrac{\beta}{2}\right) - \dfrac{l\cdot\cos\alpha}{2} - \dfrac{d}{2} \end{cases} \tag{8.8}$$

式中，l 为中相导线挂点处塔身断面长度，m；其余参数意义同表 8-7。

对比式 (8.7) 和式 (8.8) 可以发现，在干字型耐张塔的两种不同中相导线悬挂形式下，计算中相跳线至耐张串挂点附近塔身的最小空气间隙 x_1 的公式仍可统一为式(8.8)，只是当中相导线挂于塔身结构的边缘位置时令 $l=0$ 即可，表明该公式具有很好的通用性，也适合编程计算。

情况 2：中相跳线对铁塔塔头横担附近放电。

图 8-4 所示的干字型耐张塔的中相跳线档正视图如图 8-8 所示,图中各新增参数及其物理意义见表 8-8。

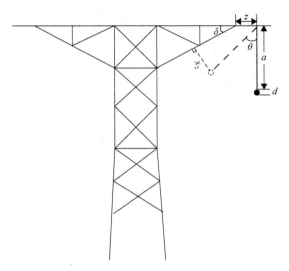

图 8-8　干字型塔中相跳线档正视图

表 8-8　干字型塔中相跳线风偏校核所需参数表(2)

符号	物理意义
z	中相横担支出长度/m
δ	中相横担钢材倾角/(°)

由几何知识，易得干字型铁塔中相跳线至横担附近塔身的最小空气间隙 x_2 的计算公式为

$$x_2 = z \cdot \sin\delta + (a + d/2) \cdot \sin(90° - \theta - \delta) - d/2 \tag{8.9}$$

显然，干字型耐张塔中相跳线与杆塔的最小间距 x 为二者间最小值，即

$$x = \min\{x_1, x_2\} \tag{8.10}$$

为简化计算，对采用分裂跳线的干字型耐张塔而言，除双分裂垂直排列跳线保持计算式(8.8)～式(8.10)外，其余双分裂水平排列和四分裂跳线只需在计算 x_1 和 x_2 时减去分裂间距的一半即可。

2) 干字型塔边相跳线风偏跳闸电气绝缘距离安全校核

如图 8-9 所示为干字型铁塔边相跳线档正视图，图中各参数物理意义同表 8-7。根据该图即可求出风偏状态下干字型铁塔边相跳线至塔身的最小间隙 x，采用非分裂和分裂跳线时的具体计算公式见表 8-9。需注意，干字型耐张塔边相结构与酒杯型直线塔边相结构的倾角 ϕ 不同，分别为锐角和钝角，这就导致了计算公式会出现差异。

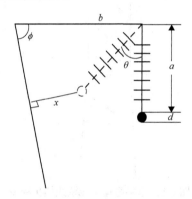

图 8-9　干字型铁塔边相跳线档正视图

表 8-9　耐张塔边相跳线至塔身最小间隙 x 计算公式表

跳线方式	公式
非分裂式跳线	令：$s = a + d/2$ $x = [(b - s \cdot \sin\theta) \cdot \tan\phi - s \cdot \cos\theta] \cdot \cos\phi - d/2$
双分裂垂直排列	令：$s = a + d/2 + e$ $x = [(b - s \cdot \sin\theta) \cdot \tan\phi - s \cdot \cos\theta] \cdot \cos\phi - d/2$
双分裂水平排列跳线	$x = [(b - a \cdot \sin\theta - (e/2) \cdot \cos\theta) \cdot \tan\phi - a \cdot \cos\theta + (e/2) \cdot \sin\theta] \cdot \cos\phi - d/2，\ \theta \leqslant \phi$ $x = [(b - a \cdot \sin\theta + (e/2) \cdot \cos\theta) \cdot \tan\phi - a \cdot \cos\theta - (e/2) \cdot \sin\theta] \cdot \cos\phi - d/2，\ \theta > \phi$
四分裂跳线	$x = [(b - (a + e) \cdot \sin\theta - e/2 \cdot \cos\theta) \cdot \tan\phi - (a + e) \cdot \cos\theta + e/2 \cdot \sin\theta] \cdot \cos\phi - d/2，\ \theta \leqslant \phi$ $x = [(b - (a + e) \cdot \sin\theta + e/2 \cdot \cos\theta) \cdot \tan\phi - (a + e) \cdot \cos\theta - e/2 \cdot \sin\theta] \cdot \cos\phi - d/2，\ \theta > \phi$

8.3.3　多回路输电塔最小间隙的计算

多回路铁塔采用边相挂线结构，与干字型铁塔边相完全相同，因此多回路输电线至塔身的最小空气间隙距离 x 的计算公式也统一为表 8-9 内的公式，使模型编程应用更加方便、简洁。

8.4　带电部分与杆塔构件的允许最小间隙

根据 GB 50545—2010《110～750kV 架空输电线路设计规范》规定，不同标称工频电压下带电部分与杆塔构件的允许最小间隙如表 8-10 所示。

表 8-10　110～500kV 带电部分与杆塔构件的允许最小间隙

标称电压/kV	110	220	500	
工频电压下的允许最小间隙 L/m	0.25	0.55	1.20	1.30

注：500kV 空气间隙栏，左侧数据适合于海拔高度不超过 500m 地区；右侧是用于超过 500m 但不超过 1000m 的地区。

8.5　计及降雨的允许最小间隙修正

如前所述，降雨会使导线-杆塔空气间隙的放电电压明显降低，也即同一运行电压下的允许最小间隙必须增加才能保证不发生风偏放电[209]。因此本章引入降雨影响系数 k，来修正规范规定的允许最小间隙 L，即

$$L_{\text{water}} = k \cdot L \tag{8.11}$$

式中，k 为修正系数，它与降雨强度、雨水电阻率和雨水运动路径等有关。但有文献分析指出，降雨强度对击穿间隙的影响可达百分之十几，而雨水电阻率、雨水运动路径的影响要小得多，分别不超过 5%和 2%[210, 211]。又由于雨水电阻率、雨水运动路径不便测量，所以本模型选取影响程度最大的降雨强度来进行修正。

根据相关文献得到的降雨强度分别为 0、2.4、4.8、9.6、14.4 mm/min 下，当气隙距离为 0.6m、0.8m、1.0m、1.2m 时所需的击穿电压情况表[210,211]，本章利用最小二乘法进行数据拟合(采用幂函数拟合公式)，得到降雨强度一定

时的不同电压可击穿间隙的临界长度，进而可确定同一电压在不同降雨强度下可击穿间隙的增长比率（以 0 雨强时可击穿间隙为基准 1），具体结果分别见表 8-11 和表 8-12。

表 8-11　不同电压在同一降雨强度下可击穿的间隙长度

电压/kV	降雨强度/(mm/min)				
	0	2.4	4.8	9.6	14.4
110	0.2421	0.2630	0.2817	0.3016	0.3112
220	0.5847	0.6397	0.6690	0.6970	0.7109
330	0.9795	1.0759	1.1095	1.1378	1.1526
500	1.6618	1.8330	1.8633	1.8801	1.8911
拟合优度	0.9997	0.9897	0.9906	0.9900	0.9908

表 8-12　同一电压在不同降雨强度下可击穿间隙的增长比

电压/kV	降雨强度/(mm/min)				
	0	2.4	4.8	9.6	14.4
110	1	1.0863	1.1636	1.2458	1.2854
220	1	1.0941	1.1442	1.1921	1.2158
330	1	1.0984	1.1327	1.1616	1.1767
500	1	1.1030	1.1213	1.1314	1.1380

根据上表的增长比数据，通过作图发现降雨强度对同一电压可击穿间隙临界长度的增长比（该值即为式（8.11）中的降雨修正系数）的影响符合幂函数关系，则修正系数 k 的计算公式为

$$k = p \cdot \delta_{\text{water}}^{q} \tag{8.12}$$

式中，δ_{water} 为降雨强度，mm/min；p、q 为与击穿电压有关的特征系数，根据表 8-12 采用最小二乘法进行数据拟合得到，拟合曲线见图 8-10，具体结果见表 8-13。

但值得注意的是，目前气象预测内容中没有降雨强度的信息，而只有降雨量或降雨等级信息，需根据它们的对应关系进行换算，如表 8-14 所示。

综上所述，这里仅针对"大雨"及其以上级别的雨型进行修正：由线路电压等级结合表 8-13 得到降雨修正特征系数，然后由预测的降雨强度根据式（8.12）计算修正系数 k，再用式（8.11）即可得到计算修正的允许最小空气间隙 L_{water}。

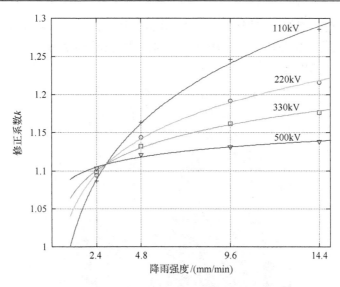

图 8-10   修正系数-降雨强度拟合曲线图

表 8-13   不同电压等级下的降雨修正特征系数

电压/kV	p	q	F 显著性检验(α=0.025)	拟合优度 R_{square}
110	1.0013	0.0949	1124.9	0.9982
220	1.0405	0.0592	809.95	0.9975
330	1.0639	0.0384	440.16	$F_{\alpha}(1,2)=38.51$	0.9955
500	1.0886	0.0171	88.597	0.9779

表 8-14   降雨等级、降雨量以及降雨强度之间的对应关系

降雨等级	日降雨量/mm	12h 降雨量/mm	6h 降雨量/mm	降雨强度/(mm/min)
大雨	25.0～49.9	15.0～29.9	6.0～11.9	1.00～2.67
暴雨	50.0～99.9	30.0～69.9	12.0～24.9	2.68～4.24
大暴雨	100.0～249.9	70.0～139.9	25.0～59.9	4.25～6.25
特大暴雨	≥250.0	≥140.0	≥60.0	≥6.26

8.6   算例分析

据统计，2012 年某沿海供电局辖下 220kV 输电线路因为风偏跳闸 18 次，均为某 220kV 输电线路。其中，该线路 N60 号塔 B 相(单回路中相)跳线于 2012 年 12 月 29～30 日引起风偏跳闸共 17 次。此处选取该 N60 塔(塔型为

GJ1-14.5，是典型的干字型耐张塔，如图 8-11 所示)中相跳线，以及历史气象数据信息进行风偏放电案例反演分析，对本章所提输电线路风偏放电电气绝缘距离校核模型的有效性进行验证。

图 8-11　某 220kV 线路 N60 号塔

1)根据杆塔、导线、绝缘子的结构类型和风速、风向计算悬垂绝缘子串风偏角 θ

根据距离本次风偏跳闸的 N60 塔最近的某气象站的记录，该站监测到离地 10m 高的极大瞬时风速为 38.34m/s，其方向与线路走向近乎垂直，出现时间为 2012-12-30 的 0∶25，按式(8.3)折算至约 20m 高的中相导线处的极大瞬时风速为 $v_y = v_g \cdot (H/10)^\mu = 38.34 \times (20/10)^{0.15} = 42.54$m/s。该塔中相跳线悬垂绝缘子串风偏角计算参数表详见表 8-15，重力加速度 g 取 9.80665N/kg，则风偏角的计算过程如下所示。

表 8-15　N60 塔中相跳线绝缘子串风偏角计算参数表

跳线悬垂绝缘子 (FXBW4-220/100 东莞高能)				跳线 (JL/G1A-300/40)			计算档距	
受风面积 A /m²	串数 n	自重 W_j/N	重锤重量 W_z/N	外径 d /mm	截面积 S/mm²	单位重量 W_0/(kg/km)	水平档距 l_h/m	垂直档距 l_v/m
0.25	1	117.684	0	23.9	338.99	1131.0	4.7	6.8

(1)计算导线自重比载：

$$g_1 = \frac{W_0 \cdot g}{S} \cdot 10^{-3} = \frac{1131.0 \times 9.80665}{338.99} \times 10^{-3} = 32.719 \times 10^{-3} \text{ N/(m·mm}^2)$$

(2)计算导线风比载：

$$g_4 = \frac{\alpha \cdot K \cdot (v_y \cdot \sin\gamma)^2 \cdot d}{16 \cdot S} \cdot g \cdot 10^{-3} = \frac{1 \times 1.1 \times (42.54 \times \sin 90°)^2 \times 23.9}{16 \times 338.99} \times 9.80665$$

$$\times 10^{-3} = 86.020 \times 10^{-3} \text{ N/(m·mm}^2)$$

(3)计算悬垂绝缘子串风压：

$$P_j = \frac{n \cdot A \cdot v_y^2}{16} \cdot g = \frac{1 \times 0.25 \times 42.54^2}{16} \times 9.80665 = 277.291 \text{ N}$$

(4)计算悬垂绝缘子串风偏角：

$$\theta = \arctan\frac{0.5P_j + S \cdot g_4 \cdot l_h}{0.5W_j + S \cdot g_1 \cdot l_v + W_z}$$

$$= \arctan\frac{277.291/2 + 338.99 \times 86.020 \times 10^{-3} \times 4.7}{117.684/2 + 338.99 \times 32.719 \times 10^{-3} \times 6.8 + 0} = 64.019°$$

2)计算风偏状态下耐张塔塔身的最小空气间隙距离

根据式(8.8)～式(8.10)计算风偏状态下中相跳线至 N60 耐张塔塔身的最小空气间隙距离 x，参数表如表 8-16 所示，由于该线路中相导线挂于耐张塔边缘处，因此式(8.8)中的 l 取值应为 0。

表 8-16　N60 塔中相跳线至塔身最小间隙距离计算参数表

悬垂绝缘子串长度 a/m	横担长度 b/m	中相耐张串挂点处塔身断面宽度 c/m	耐张绝缘子串长度 f/m	中相横担支出长度 z/m	杆塔转角 β/(°)	耐张绝缘子串倾角 ϕ/(°)	中相横担钢材倾角 δ/(°)
2.24	4.3	1.4	2.24	0.8	10°21′	8°	23.199°

(1)计算 N60 铁塔中相跳线至耐张串挂点附近塔身的最小空气间隙距离 x_1：

$$\angle\alpha = \arctan\frac{b-(a+d/2)\cdot\sin\theta - f\cdot\cos\varphi\cdot\sin(\beta/2)+l/2}{f\cdot\cos\varphi\cdot\cos(\beta/2)+c/2}$$

$$=\arctan\frac{4.3-(2.24+0.0239/2)\times\sin(64.019)-2.24\times\cos(8)\times\sin(10.21/2)+0}{2.24\times\cos(8)\times\cos(10.21/2)+1.4/2}=35.539°$$

$$x_1 = f\cdot\cos\varphi\cdot\sin\left(\alpha+\frac{\beta}{2}\right)-\frac{l\cdot\cos\alpha}{2}-\frac{d}{2}$$

$$=2.24\times\cos(8)\times\sin\left(35.539+\frac{10.21}{2}\right)-0-\frac{0.0239}{2}=1.433\text{m}$$

(2)计算 N60 铁塔中相跳线至横担附近塔身的最小空气间隙距离 x_2：

$$x_2 = z\cdot\sin\delta+(a+d/2)\cdot\sin(90°-\theta-\delta)-d/2$$
$$=0.8\times\sin(23.199°)+(2.24+0.0239/2)\times\sin(90°-64.019°-23.199°)-0.0239/2$$
$$=0.412\ \text{m}$$

则有， $x=\min\{x_1,x_2\}=x_2=0.412\ \text{m}$

3)根据降雨强度修正线路-杆塔最小空气间隙距离

根据降雨强度，并结合表 8-10 和表 8-13，利用式(8.11)和式(8.12)修正允许的线路-杆塔最小空气间隙距离。

(1)计算降雨影响系数。

根据气象站的记录，此时该地区有大雨，降雨强度约为 2 mm/min，则有

$$k = p\cdot\delta_{\text{water}}^{\text{q}}=1.0405\times2^{0.0592}=1.0841$$

(2)修正允许的最小空气间隙距离。

查表 8-10 得规程规定的 220kV 电压等级线路的带电部分至杆塔间的允许最小空气间隙为 $L=0.55\text{m}$，可得

$$L_{\text{water}}=k\cdot L=1.0841\times0.55=0.596\text{m}$$

4)确定风偏放电预警等级

根据 x 和 L_{water} 的计算值，由于 $x<L_{\text{water}}$，即此次 N60 铁塔中相跳线对塔身风偏的电气绝缘距离小于允许的最小空气间隙，有可能发生风偏放电，而事故结果也验证了该结论。

8.7　本　章　小　结

输电线路发生风偏放电的根本原因是强风、降雨等不利天气条件造成的线路与杆塔间空气间隙距离的减小。为此，针对较易发生风偏放电的酒杯型(和猫头型)直线塔以及干字型耐张塔，本章建立了架空输电线路风偏放电电气绝缘距离在线校核模型，通过某实际输电线路的风偏放电案例反演计算，验证了所提模型和方法的有效性，所提方法有助于提高电网应对大风环境下风偏放电的风险防范及应急处理能力，可为保障电网的安全稳定运行发挥重要的作用。通过研究，得出如下结论：

(1)提出了一种利用气象信息对线路风偏放电进行安全校核的方法。根据杆塔结构和输电线路的几何位置关系，系统性地推导了风偏状态下线路至杆塔的最小空气间距的数值计算式，进而建立了针对常见的酒杯型直线塔导线(包括单导线和分裂导线)对塔身风偏放电和干字型耐张塔跳线对塔身风偏放电的在线安全校核模型，模型在进行风偏安全校核时采用二维坐标系法，比传统的作图法更加简洁方便，容易实现计算机的程序化处理。

(2)提出了考虑降雨影响的最小空气间隙距离修正方法。由于降雨会使线路-杆塔空气间隙的放电电压明显降低，也即同一等级电压下的允许最小间隙距离必须增加才能保证不致发生风偏放电。因此本章在风偏放电预警模型中引入了降雨影响系数对规程规定的允许最小间隙距离进行适当的调整，使校核结果更符合实际情况。参考相关文献资料，本章选取降雨强度来衡量降雨对空气间隙放电电压的影响程度，并进一步结合相关试验数据，采用最小二乘法得到了降雨影响系数与降雨强度的关系表达式。

第9章 计及气象因素影响的电网设备检修决策

9.1 引　言

电力系统输配电设备长期处于复杂的气象环境中，其故障的发生受天气变化的影响很大[212]。设备检修停运期间总是会伴随着整个配电系统运行风险潜在上升[213, 214]，定量的风险评估以确定检修停运对整个系统可靠性的影响是电力设备检修决策的重要工作。配电网处于整个电力系统的末端，是发输电系统与用户之间的连接部分，由于电能不能大量储存，因此发、输、配、用电具有同时性的特点，所以配电设备的安全可靠性直接反映了整个电力系统的可靠性，据统计，80%以上的用户停电故障是由于配电网事故引起的[215]。配电网设备检修是电力工业生产中的一项重要工作，是提高配电网供电可靠性及保证电网安全运行的有效措施。

在配电网检修计划优化的研究中，基本上选择停电损失最小作为优化目标[216, 217]。文献[218]在兼顾安全性和经济性的基础上，提出了基于灰色关联度和理想解法的电力设备维修决策方法；文献[219]建立了配电网检修计划二层规划模型，以期望最少开关动作次数和线损增量转移实施检修；文献[220]建立了基于风险的状态检修决策系统；以上研究均没有考虑因检修负荷转移时整个配电系统的潜在风险上升，不能保证检修时配电网的供电可靠性。文献[221]以可靠性维修为基础，开发了适用于状态检修环境下的高压开关设备维修决策支持平台。文献[222]结合统计分析和可靠性理论来确立电力设备可靠性评价指标并建立评价模型。文献[223]在配电网维修策略制定中考虑了检修前后的电网可靠性，但没有保证检修过程中配电网的供电可靠性。文献[224]在配电设备检修计划中考虑了经济性、可靠性和工作量等，在一定程度上保证了检修过程中电网的供电可靠性，但文中采用的目标均衡最优法，存在很大的选择主观性。

本章针对现有配电设备检修优化中忽略了电网运行可靠性的不足，建立综合电网运行可靠性和检修损失为目标的检修计划优化模型，该模型在计及检修过程中气象条件等实际约束的前提下，在保证供电可靠性的基础上，以电网检修损失最小为优化目标，决策出整个检修周期内配电设备的最佳检修日程计划，以降低检修作业对电网运行可靠性的影响。

9.2　气象条件对检修的影响

电力系统输配电设备长期处于复杂的气象环境中，其故障的发生受天气变化的影响很大，因此，在制定电力设备检修计划，除了要避免在恶劣的天气安排检修外，还需要考虑不同天气状况对设备故障率的影响，以及气象环境变化对检修风险的影响。文献[147]分析了不同气象条件下的输电设备维修风险；文献[148]在输电设备状态维修日程决策中考虑了不同季节气象因素；文献[225]总结分析了我国自然灾害对电网造成的破坏及影响，并基于风险评价理论和信息扩散理论，建立了自然灾害发生的概率及对电网影响的风险评价模型。

传统处理可靠性评估中的气象因素是将气象条件按其对系统的影响程度分为正常气象、恶劣气象和大灾难气象三类，虽然已经得出了这三个气候状态影响故障率的计算方法，但是仍有不少问题。在一个短期检修时间内由于大灾难气象出现的机会极少，所以大多数天气条件都可归入正常和恶劣两种情况，对应正常天气下的故障率和恶劣天气下的故障率两个状态。这种分类方法过于简单，不能反映气象环境的多变性，放大或缩小了不同气象环境对设备运行可靠性的影响，所以更合理的方法是根据检修时段的划分，将气象环境进行细化，随短期检修时段建立多个离散状态的故障率模型，如图 9-1所示为设备故障率随检修时段变化图。

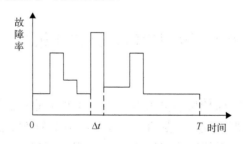

图 9-1　短期检修时段内故障率随时间变化图

图 9-1 中，T 为短期检修的周期，Δt 为一个检修作业时段(如一天)，根据检修计划制定的长度确定，同一检修作业时段内设备故障率相同，这样的分类方法使短期检修风险评估更为准确，在此基础上制定的短期检修计划更为合理。

　　例如，选取单位时间内最大风速、平均温度、平均相对湿度和降雨量作为气象环境信息特征参数。在对某市供电线路和变压器历史运行数据统计的基础上，分析设备故障率与气象参数的关系，具体数据见表 9-1。从表中可见，输电线路的故障率主要受风速的影响，大风天气下输电线路故障率较大；而对于具有固定场地的变压器受风速的影响很小，但高温气象环境下变压器故障率较大。

表 9-1　某市电力设备部分故障率原始数据

气象序列	最大风速/(m/s)	平均温度/℃	相对湿度/%	降雨量/mm	线路故障率/(次/(月·km))	变压器故障率/(次/月)
x_1	10.1	25.2	73	70.9	0.0523	0.0077
x_2	5.2	24.3	79	32.3	0.0172	0.0043
x_3	4.1	32.3	85	19.8	0.0312	0.0140
x_4	4.3	30.7	84	119.5	0.0276	0.0100
x_5	9.2	25.0	81	75.1	0.0462	0.0066
x_6	3.5	30.5	89	25.7	0.0294	0.0128
x_7	4.9	32.6	90	29.7	0.0342	0.0143

　　可见，在短期检修过程中，不同的检修作业时段设备所处的气象环境不同，导致运行中的设备元件故障率因气象环境的不同而不同，因此在定量计算短期检修风险时，应根据检修时段中的气象条件确定设备的故障率，通过可靠性评估反映气象环境对检修风险的影响，使优化的短期检修计划更加合理。

9.3　短期检修计划优化模型

9.3.1　优化指标

　　配电网可靠性指标[226]期望缺供电量 EENS 可以同时反映电网停电事件发生的概率和停电的严重程度，是将电力设备故障率和故障后果结合起来的风险指标，而且便于把系统风险和经济性统一到同一量纲上衡量，因此采用配电网期望供电量不足 EENS 作为优化目标，即

$$\text{EENS} = \sum P_i U_i \tag{9.1}$$

式中，P_i 为负荷点 i 的平均负荷水平；U_i 为负荷点 i 的不可用率。

在辐射型配电网中，配电网可靠性等值网络是由引起系统失效的所有元件所构成的串联网络，因此负荷点 i 的不可用率 U_i 为

$$U_i = \sum_k \lambda_k r_k \tag{9.2}$$

式中，λ_k 和 r_k 分别为元件 k 的平均故障率和修复时间，可以通过设备历史运行数据统计获得。

从电力企业出发，电力设备综合检修计划优化的目的是在保证电网安全运行的情况下，最大限度地提高供电可靠性，降低因设备检修导致的停电损失。配电网通常环网设计、开环运行，当一台配电设备因检修退出运行时，部分负荷可以通过开路点进行负荷转移，使之保持辐射状运行，但同时使供电路径增加，系统停电风险增加，此时系统因为运行风险造成的随机停电负荷称为随机故障损失。再者，由于设备检修可能会切断某些负荷点与电源点的连接，当这部分负荷没有备用路径或备用路径容量不足时，将会造成负荷停电，称为计划失负荷。因此在电力设备检修中，将期望供电量不足分为两部分：一部分为系统随机故障而产生的负荷损失；另一部分为因检修计划而直接停电的负荷损失[227, 228]，即

$$\text{EENS} = E_1 + E_2 \tag{9.3}$$

式中，E_1 为系统随机故障而产生的负荷损失；E_2 为因检修计划而直接停电的负荷损失。

因电网风险随机故障造成的单位损失远大于计划停电单位损失，可以采用经济性来度量两种损失的差异，所以第 i 个检修时段的风险指标为

$$\text{Index}_i = C_f \sum_{m_i, j \in R_{m_i}} P_{ij} U_{m_{i,j}} + C_m \sum_{i \in S_i} P_{ij} d_i \tag{9.4}$$

式中，m_i 为系统在第 i 个检修时段电网运行状态；R_{m_i} 为状态 m_i 条件下系统负荷点集合；S_i 为第 i 个检修时段计划停电负荷点集合；$U_{m_{i,j}}$ 为系统处于状态 m_i 下负荷点 j 的不可用率；d_i 为第 i 个检修时段所持续的时间；P_{ij} 为负荷点 j 在检修时段 i 的负荷功率；C_f 为随机故障失负荷单位损失费用；C_m 为计划失负荷单位损失费用。

9.3.2　优化目标函数

建立配电网短期检修可靠性决策优化方法的目标是：于整个短期检修周期中，在保证系统可靠性的基础上，使检修风险和损失最小。因此配电设备短期检修计划可靠性决策目标函数为

$$f = \min \sum_{i=1}^{n} \text{Index}_i \tag{9.5}$$

式中，$n \in T$(T 为整个短期检修的周期)为待修设备优化检修作业时段数。

9.3.3　约束条件

优化模型在计及以下约束条件的前提下，将量化的目标函数进行对比后，搜寻对系统运行可靠性影响最小的配电设备短期检修计划。

1)检修窗口与持续时间约束

在下发设备检修作业任务时，受检修规程限制，对待修设备预设检修时间范围[229]，即待修设备检修时间的确定应该在初选检修时间段的约束下进行，即需要满足的约束如下：

$$t_i \in T_i \subseteq \{1, 2, \cdots, T\} \tag{9.6}$$

式中，t_i 为第 i 个设备开始检修的时间；T_i 为第 i 个设备允许开始检修时间集合。

$$u_{it} = \begin{cases} 0, & t = 1, 2, \cdots, t_i - 1 \\ 1, & t = t_i, t_i + 1, \cdots, t_i + D_i - 1 \\ 0, & t = t_i + D_i, t_i + D_i + 1, \cdots, T \end{cases} \tag{9.7}$$

式中，u_{it} 为设备 i 在 t 时段的状态，0 表示设备 i 处于运行状态，1 表示设备 i 处于检修状态；D_i 为第 i 个设备检修持续时间，取整数。

2)检修资源约束

检修资源包括检修的人力资源和物力资源两大方面，供电公司所拥有的检修人力资源和物力资源是相对固定的，在检修安排中，不可将所有的设备均安排在同一时间段开展，相同时间段内的可检修数目受人力资源和物力资源的直接约束。故在电力设备的检修规划中，应满足的约束条件如下：

$$n_{k,i} \leqslant M_{ki} \tag{9.8}$$

式中，$n_{k,i}$ 和 M_{ki} 分别为 k 时刻与设备 i 同时检修的实际设备台数和允许设备台数。

3）气象条件约束

气象条件不仅影响电力设备的正常运行，同时也是阻碍检修作业的执行的主要因素。为确保状态检修的高效率和高质量，应根据电力设备的紧急情况，适当避免在气象条件较恶劣的时段安排重大检修作业。于是有气象约束条件如下[228]：

$$\begin{cases} i \in ZD & M_{i\{t_i \in [t_{is}, t_{ie}] \in T_{em}\}} = 0 \\ i \notin ZD & M_{i\{t_i \in [t_{is}, t_{ie}] \in T_{em}\}} = \dfrac{1}{2}M \end{cases} \tag{9.9}$$

式中，ZD 为重大检修作业的设备集合；T_{em} 为气象环境恶劣的检修时段集合；$[t_{is}, t_{ie}]$ 为设备 i 的检修停运时间段；$M_{i\{t_i \in [t_{is}, t_{ie}] \in T_{em}\}}$ 为当设备 i 的停运时间段中包含恶劣气候时间集合中的元素时，该时间段内允许与设备 i 同时检修的设备台数；M 为常规条件下最多允许同时检修的设备台数。

4）互斥检修约束

配电网通常环网设计，开环运行，配电设备在检修时可以通过切换联络开关缩短停电时间和减少停电负荷，以确保供电的连续性和可靠性。因此，在检修规划的过程中，互为环网的配电设备不可同时检修，即

$$u_{it} \neq u_{jt} \tag{9.10}$$

9.4　检修计划优化模型的求解

采用 MATLAB 遗传算法工具箱编程进行检修计划优化求解。

在优化求解过程中，采用罚函数法对检修约束条件进行处理。罚函数即是在优化目标函数中加上一个约束条件的惩罚项，以构成一个广义目标函数。此处是求解优化目标 f 的最小解，所以采用增加罚函数项进行处理，即目标函数可扩展为

$$F = f + \theta_1 f_1 + \theta_2 f_2 + \theta_3 f_3 \tag{9.11}$$

式中，f_1、f_2、f_3 分别为违反检修资源约束、气象环境约束和电网架构约束的惩罚函数，违反时取 1，否则取 0；θ_1、θ_2、θ_3 为相应的惩罚系数。

为防止遗传算法在寻优过程中陷入局部收敛，交叉算子和变异算子均采用自适应交叉率和变异率，以实现全局收敛，得到检修计划最优解。故交叉概率由式(9.12)确定。

$$p_x = p_{x0} - \frac{(p_{x0} - p_{x\min}) \times \text{gen}}{\max \text{gen}} \tag{9.12}$$

式中，p_{x0} 为初始交叉概率；$p_{x\min}$ 为允许的最小交叉概率；gen 为遗传到当前的进化次数；$\max \text{gen}$ 为最大进化数。

变异率由式(9.13)确定。

$$p_m = \begin{cases} p_{m0} - \dfrac{(p_{m0} - p_{m\min})(F - F_{\text{ave}})}{F_{\max} - F_{\text{ave}}} & F \geqslant F_{\text{ave}} \\ p_{m0} & F < F_{\text{ave}} \end{cases} \tag{9.13}$$

式中，p_{m0} 为初始变异率；$p_{m\min}$ 为允许的最小变异率；F 为个体适应值；$F_{\max}$ 为当前群体的最大适应度；F_{ave} 为当前群体平均适应度。

则具体的求解步骤如下：

(1)根据检修窗口时间约束条件，采用实数编码随机生成一个大小为 NIND 的种群，种群中每一个个体为研究周期内所有待修设备的检修起始时段编码串连而成。

(2)令遗传个体 $k=1$。

(3)从种群中取第 k 个个体，构成一个检修方案，计算该方案下的电网检修风险指标 f_k，步骤包括：①令 $t=1$，$f_k=0$；②判断此时段是否有设备进行维修，若没有设备进行检修，判断是否满足 $t \leqslant T$，若满足，令 $t=t+1$，重复该步，否则结束；若存在设备检修，则转入③；③计算该维修时段的电网检修风险值 Index_t，且 $f_k=f_k+\text{Index}_t$，判断是否满足 $t \leqslant T$，若满足，令 $t=t+1$，返回②，否则结束。

(4)根据检修约束条件分析检修方案可行性，计算扩展目标函数 F_k。

(5)用上一代的精英个体替换掉本代的最差个体，计算适应度值。

(6)判断 $k \leqslant \text{NIND}$ 是否满足，若满足，令 $k=k+1$，返回(3)，否则转入(7)。

(7)判断 $\text{gen} \leqslant \text{NIND}$ 是否满足，若满足，令 $\text{gen}=\text{gen}+1$，经选择、交叉和

变异形成子代群体，返回(2)；否则转入(8)。

(8)以检修目标函数最小的个体对应的检修计划作为电力设备检修的决策结果。

9.5　算　例　分　析

以 IEEE-RBTS BUS5 为例，其馈线接线图如图 9-2 所示。该系统共包含 43 条线路，26 个负荷点，设备参数和负荷数据参见文献[230]。假设断路器和熔断器的可靠动作率为 100%。有 6 条配电线路安排在未来一周内进行普通检修，每条线路的检修时间为 6h。如表 9-2 所示。

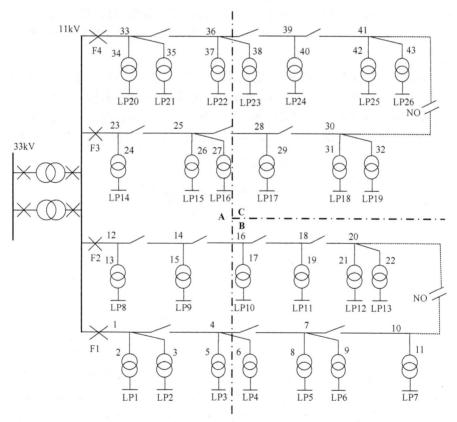

图 9-2　IEEE-RBTS BUS5 接线图

表 9-2　待修设备信息

设备编号	e_i	l_i
线路 4～7	1	5
线路 12～14	1	5
线路 16～17	1	5
线路 25～28	1	5
线路 28～30	1	5
线路 36～37	1	5

　　根据检修规程，周末不安排检修作业，即所有检修作业需在 5 个工作日内完。算例以天为单位划分为 5 个检修时段，受检修资源的限制，同一时段只能进行 3 项检修，即 $M=3$。其中，$e_i(l_i)$ 是设备 i 允许维修的最早(晚)时间段。

　　为说明在短期检修周期内考虑气象环境的必要性，本算例将检修时段内的电网分成三个气象区，如图 9-2 所示 A、B 和 C 区域，假设这三个区域中的配电设备在各自的气象区域内处于同样的气象环境下运行。由于缺少运行环境数据，采用某市的气象数据代替。根据该市天气预报对不同区域中的线路故障率进行预测计算，结果如表 9-3 所示。

表 9-3　短期检修周期内的设备故障率

检修时段	线路故障率/(10^{-2} 次/(d · km))		
	气象 A 区	气象 B 区	气象 C 区
1	0.0979	0.0574	0.1498
2	0.0574	0.0912	0.0979
3	0.0574	0.0912	0.0574
4	0.1498	0.0979	0.0574
5	0.0912	0.0574	0.0912

　　配电线路检修将引起负荷停电，算例涉及的计划停电负荷有 LP5、LP6、LP9、LP10、LP17、LP18、LP19 和 LP22，这 8 个负荷在未来五天的负荷预测如表 9-4 所示。随机风险失负荷单位费用 C_f 为 1.053 万元/MW·h，计划失负荷单位费用 C_m 为 0.053 万元/MW·h。

表 9-4 负荷预测数据

负荷点	第 1 天负荷预测	第 2 天负荷预测	第 3 天负荷预测	第 4 天负荷预测	第 5 天负荷预测
LP5	0.6374	0.6084	0.6186	0.6833	0.6949
LP6	0.4361	0.392	0.4172	0.4352	0.4491
LP9	0.3484	0.3823	0.3247	0.3479	0.3293
LP10	0.2960	0.3216	0.302	0.3657	0.3513
LP17	0.6565	0.6888	0.6754	0.6283	0.6317
LP18	0.4132	0.4023	0.3710	0.4345	0.4361
LP19	0.3503	0.402	0.4498	0.3671	0.4284
LP22	0.3841	0.4452	0.4084	0.4574	0.3637

建立对比方案进行比较分析。方案一为对比模型，即以检修期间检修售电损失最小为优化目标，其他条件同本章内容；方案二在方案一的基础上，采用本章所提检修优化目标函数进行检修计划决策。采用 MATLAB 进行编程仿真，决策计划结果如表 9-5 所示。

线路 4~7 和线路 12~14 互为环网，同时停运检修将会导致负荷点 LP5~LP7 和 LP9~LP13 的大范围停电，根据电网构架约束条件，线路 4~7 和 12~14 的检修作业不能安排在同一时段进行。

方案一和方案二的优化结果的风险值列于表 9-6。由表中可知，方案二相比方案一从电网整体角度考虑了检修风险，权衡了电网随机故障风险 R_1 和计划停电损失 R_2，相比方案一计划停电损失有所增加。但方案一的检修计划结果在考虑电网检修风险时，其随机故障风险为 0.5009 万元，总的电网检修风险为 1.5765 万元，实际上方案一的随机故障风险和电网检修风险均大于方案二，检修周期内供电可靠性较方案二低。因此方案一的检修计划不能保证在检修周期内获得最优的电网运行可靠性。在检修计划优化过程中，有必要从电网整体角度出发，降低检修时电网的运行风险，保证供电可靠性。

表 9-5 设备检修计划

设备编号	检修时段	
	方案一	方案二
线路 4~7	2	2
线路 12~14	3	5
线路 16~17	3	2
线路 25~28	4	1
线路 28~30	1	1
线路 36~37	5	5

表 9-6　方案一和方案二优化结果的风险值　　　（单位：万元）

方案	R_1	R_2	f
方案一	0.5009	1.0757	1.5765
方案二	0.2882	1.0923	1.3805

9.6　本 章 小 结

　　电力设备在不同气象条件下可靠性不同，不同时间不同气象条件下进行维修使得电网风险也不同，因此，在制定电力设备检修计划，特别是短期检修计划时，不能只考虑待修设备所处的气象条件是否适合进行维修，还应综合考虑设备在维修期间所处的气象条件对系统风险的影响。本章将风险评估引入配电网维修计划优化，在计及检修窗口约束、检修资源约束、气象环境约束和互斥检修约束的前提下，在保证供电可靠性的基础上，以电网检修损失最小为优化目标，决策出整个维修周期内电力设备的最佳检修日程计划，以降低检修作业对电网运行可靠性的影响。算例对测试系统IEEE-RBTS BUS5 进行检修决策，通过方案对比表明从电网可靠性角度制定检修计划是降低检修风险的主要手段，从而在检修过程中保证配电网的供电可靠性。

第 10 章　总结与研究展望

本书从气象灾害对输电线路作用规律的描述方法入手，以地理位置、时间阶段、主要成分三个要素为切入点，构建了气象相关的输电线路故障统计模型与模拟方法，分析了地理气象相关的输电线路失效差异特征，研究了多气象因素组合的输电线路风险分析方法，深化了对气象导致输电线路故障的规律认识。在此基础上建立了计及气象敏感类线路时变故障率的电网风险评估方法，提出了计及风速时间周期特征的风电并网系统风险评估方法，推进了时间和环境相依的电网风险分析理论的发展。针对时变气象环境因素对输电线路运行风险带来的影响，提出有针对性的在线安全校核与风险防控方法，构建了输电线路传输能力在线估计及温升越限安全校核方法，建立了大风环境下输电线路绝缘距离安全校核方法，通过动态分析输电线路的运行风险，为电网安全运行提供决策依据。此外，针对现有电网设备短期检修计划优化中只考虑检修损失而存在的不足，建立了计及气象条件等多种约束的电网设备短期检修计划优化模型，指导电网设备开展检修工作。

然而，多年来电网故障记录和原因分析还不够精细，故障前后的气象记录也不够完备，我们的研究工作只能算作抛砖引玉，期望能为输变电设备可靠性评价和电网风险分析提供更精细的分析方法和手段，促使电网企业能够从精细化风险管控中获得更多效益。

近年来，随着大数据分析方法的兴起和发展，通过广域气象信息、输电线路微气象监测、输电线路在线监测、运维记录等多源数据的融合与大数据分析，会进一步促进电网气象风险分析理论的发展，作者团队也开始做一些试探研究工作。此外，随着分布式发电和微电网的大力发展，电网面对动态发展的气象灾害，如台风移动路径和寒潮冰冻南移路线，可以灵活多样地组网，实现灾害期间的平稳过渡。电网的弹性与恢复力的相关理念和这一过程十分契合，值得开展更多的研究工作。

电网风险评估与风险管控的基础是准确辨识电网实时风险，最好能够提前预测电网风险，做到风险预警。随着气象科学、信息技术的发展，在天气监测、气象探测、卫星遥感、资料同化分析、天气预报、灾害预警等方面取得了长足进步，通过模式预报、集合预报输出的数值天气预报，在短期的基本气象要素预报、临近的突发性中小尺度灾害性天气以及重大天气过程的监测预警预报能力和预报准确率等方面有了大幅提升，可供电力系统人员利用的气象预报的数据种类和内容在不断丰富，数据密度和质量也在不断提高。因此，电网风险预警也是近年来备受关注的研究前沿和热点。作者团队是国内外最早开展精细化气象预报用于输电线路故障预测、电网风险预警、主动保护与控制中的团队之一，近年来也完成了国家电网公司重大基础前瞻项目等多个相关项目研究，并在多地试点应用，取得了一些研究成果，后续将总结并撰写《电网气象灾害风险预警方法及应用》一书，作为本书的姊妹篇，期待能早日呈献给广大读者。

参 考 文 献

[1] Intergovernmental Panel on Climate Change (IPCC). Managing the Risks of Extreme Events and Disasters to Advance Climate Change Adaptation [R]. Cambridge, UK: Cambridge University Press, 2012.

[2] 封国林, 侯威, 支蓉, 等. 极端气候事件的检测、诊断与可预测性研究[M]. 北京: 科学出版社, 2012.

[3] CIGRE WG.SCB2.54. Guidelines for the management of risk associated with severe climatic events and climate change on overhead lines[R]. Paris, France: CIGRE, 2014.

[4] 陈丽娟, 胡小正. 2010 年全国输变电设施可靠性分析[J]. 中国电力, 2011, 44 (6): 71-77.

[5] 陈丽娟, 李霞. 2011 年全国输变电设施可靠性分析[J]. 中国电力, 2012, 45 (7): 89-93.

[6] 李帅, 李哲, 梁允, 等. 强对流预警技术在电网生产过程中的应用研究[J]. 河南科技, 2015, (18): 149-152.

[7] 蒋兴良, 舒立春, 孙才新. 电力系统污秽与覆冰绝缘[M]. 北京: 中国电力出版社, 2009.

[8] 钱时惕. 规律及其三种主要形式——科学与人文漫话之十[J]. 物理通报, 2010, 29 (7): 85-87.

[9] 孟遂民, 孔伟, 唐波. 架空输电线路设计[M]. 2 版. 北京: 中国电力出版社, 2015.

[10] CIGRE WG.B2.51. Guide to Overall Line Design [R]. Paris, France: CIGRE, 2015.

[11] 中国电力企业联合会. 110 kV～750 kV 架空输电线路设计规范: GB 50545-2010[S]. 北京: 中国计划出版社, 2010.

[12] 中国电力企业联合会. GB 50665-2011. 1000 kV 架空输电线路设计规范[S]. 北京: 中国计划出版社, 2011.

[13] Ruszczak B, Tomaszewski M. Extreme value analysis of wet snow loads on power lines [J]. IEEE Transactions on Power Systems, 2015, 30 (1): 457-462.

[14] 全球风能理事会. 2016 年全球风电装机统计[J]. 风能, 2017, (2): 52-57.

[15] 国家能源局. 2016 年光伏发电统计信息[EB/OL]. [2017-02-04]/[2018-04-10]. http://www.nea.gov.cn/2017-02/04/c_13603 0860.htm, .

[16] 薛禹胜, 雷兴, 薛峰, 等. 关于风电不确定性对电力系统影响的评述[J]. 中国电机工程学报, 2014, 34 (29): 5029-5040.

[17] 陈炜, 艾欣, 吴涛, 等. 光伏并网发电系统对电网的影响研究综述[J]. 电力自动化设备, 2013, 33 (2): 26-32.

[18] 张文珺, 喻炜. 中国风电建设的区域分布及其对风力发电水平的影响[J]. 经济问题探索, 2014, (1): 77-84.

[19] 曾鸣, 李红林, 薛松, 等. 系统安全背景下未来智能电网建设关键技术发展方向——印度大停电事故深层次原因分析及对中国电力工业的启示[J]. 中国电机工程学报, 2012, 32 (25): 175-181.

[20] Wangdee W, Billinton R. Considering load-carrying capability and wind speed correlation of WECS in generation adequacy assessment[J]. IEEE Transactions on Energy Conversion, 2006, 21 (3): 734-741.

[21] 白树华, 卢继平. 西藏高原的气候环境对风力发电的影响分析[J]. 电力建设, 2006, 27 (11): 37-40.

[22] 薛禹胜, 郁琛, 赵俊华, 等. 关于短期及超短期风电功率预测的评述[J]. 电力系统自动化, 2015, 39(6): 141-151.

[23] 刘玉兰, 孙银川, 桑建人, 等. 影响太阳能光伏发电功率的环境气象因子诊断分析[J]. 水电能源科学, 2011, 29(12), 200-202.

[24] 朱红路, 刘珠慧. 环境因素影响下的光伏系统出力特性分析[J]. 华北电力技术, 2014, (8): 50-55.

[25] 孙朋杰, 陈正洪, 成驰, 等. 太阳能光伏电站发电量变化特征及其与气象要素的关系[J]. 水电能源科学, 2013, 31(11): 249-252.

[26] 秦剑. 气象与水电工程[M]. 北京: 气象出版社, 2012.

[27] 秦剑, 朱保林, 赵刚. 云南水电气象[M]. 昆明: 云南科技出版社, 2010.

[28] 薛禹胜, 吴勇军, 谢云云, 等. 停电防御框架向自然灾害预警的拓展[J]. 电力系统自动化, 2013, 37(16): 18-26.

[29] 梁志峰. 2011-2013 年国家电网公司输电线路故障跳闸统计分析[J]. 华东电力, 2014, 42(11): 2265-2270.

[30] 陈景彦, 白俊峰. 输电线路运行维护理论与技术[M]. 北京: 中国电力出版社, 2009.

[31] 张勇. 输电线路风灾防御的现状与对策[J]. 华东电力, 2006, (3): 28-31.

[32] 肖东坡. 500 kV 输电线路风偏故障分析及对策[J]. 电网技术, 2009, 33(5): 99-102.

[33] Long L, Hu Y, Li J, et al. Parameters for wind caused overhead transmission line swing and fault[C] //2006 IEEE Region 10 Conference, HongKong, 2006: 1-4.

[34] 张娇艳, 吴立广, 张强. 全球变暖背景下我国热带气旋灾害趋势分析[J]. 热带气象学报, 2011, 27(4): 442-454.

[35] Winkler J, Dueñas-Osorio L, Stein R, et al. Performance assessment of topologically diverse power systems subjected to hurricane events [J]. Reliability Engineering & System Safety, 2010, 95(4): 323-336.

[36] 蒋兴良, 易辉. 输电线路覆冰及防护[M]. 北京: 中国电力出版社, 2002.

[37] 李政敏, 庾振平, 胡琰锋. 输电线路覆冰的危害及防护[J]. 电瓷避雷器, 2006, (2): 12-14.

[38] 蒋兴良, 董冰冰, 张志劲, 等. 绝缘子覆冰闪络研究进展[J]. 高电压技术, 2014, 40(2): 317-335.

[39] 郭应龙, 李国兴, 尤传永. 输电线路舞动[M]. 北京: 中国电力出版社, 2003.

[40] 刘昌盛, 刘和志, 姜丁尤, 等. 输电线路覆冰舞动研究综述[J]. 科学技术与工程, 2014, 24: 156-164.

[41] 吴田, 胡毅, 阮江军, 等. 交流输电线路模型在山火条件下的击穿机理[J]. 高电压技术, 2011, 37(5): 1115-1122.

[42] El-zohri E H, Abdel-salam M, Shafey H M, et al. Mathematical modeling of flashover mechanism due to deposition of fire-produced soot particles on suspension insulators of a HVTL [J]. Electric Power Systems Research, 2013, 95: 232-246.

[43] 胡湘, 陆佳政, 曾祥君, 等. 输电线路山火跳闸原因分析及其防治措施探讨[J]. 电力科学与技术学报, 2010, 25(2): 73-78.

[44] 雷国伟, 何伟明, 林健枝. 架空输电线路走廊防山火综合监测系统实现与应用[J]. 电气技术, 2013, (12): 112-115.

[45] 陈化钢. 电力设备异常运行及事故处理[M]. 北京: 中国水利水电出版社, 1999.

[46] 余凤先, 谭光杰, 潘峰, 等. 输电线路地质灾害危险性评估中需要注意的几个问题[J]. 电力勘测设计, 2012, (1): 20-22.

[47] 王昊昊, 罗建裕, 徐泰山, 等. 中国电网自然灾害防御技术现状调查与分析[J]. 电力系统自动化, 2010, 34(23): 5-10.

[48] CIGRE WG.B2.42. Guide to the operation of conventional Conductor systems above 100℃ [R]. Paris: CIGRE, 2015.

[49] 林晶怡, 李斌, 熊敏. 电力负荷影响因素研究[M]. 北京: 中国电力出版社, 2016.

[50] 付桂琴, 李运宗. 气象条件对电力负荷的影响分析[J]. 气象科技, 2008, 36(6): 795-800.

[51] 王建. 输电线路气象灾害风险分析与预警方法研究[D]. 重庆: 重庆大学, 2016.

[52] Billinton R, Bollinger K E. Transmission system reliability evaluation using markov processes [J]. IEEE Transactions on Power Apparatus & Systems, 1968, 87(2): 538-547.

[53] 国家能源局, DL/T 837-2012. 输变电设施可靠性评价规程[S]. 北京: 中国电力出版社, 2012.

[54] Billinton R, Cheng L. Incorporation of weather effects in transmission system models for composite system adequacy evaluation[J]. Generation, Transmission and Distribution, IEE Proceedings, 1986, 133(6): 319-327.

[55] 陈永进, 任震, 黄雯莹. 考虑天气变化的可靠性评估模型与分析[J]. 电力系统自动化, 2004, 28(21): 17-21.

[56] Bhuiyan M R, Allan R N. Inclusion of weather effects in composite system reliability evaluation using sequential simulation[J]. Generation, Transmission and Distribution, IEE Proceedings, 1994, 141(6): 575-584.

[57] 魏亚楠. 计及微振磨损及风雨荷载的输电线可靠性建模和评估[D]. 重庆: 重庆大学, 2014.

[58] 王磊, 赵书强, 张明文. 考虑天气变化的输电系统可靠性评估[J]. 电网技术, 2011, 35(7): 66-70.

[59] 中华人民共和国国家发展和改革委员会, DL/T 861-2004. 电力可靠性基本名词术语[S]. 北京: 中国电力出版社, 2004.

[60] Li W, Zhou J, Xiong X. Fuzzy models of overhead power line weather-related outages [J]. IEEE Transactions on Power Systems, 2008, 23(3): 1529-1531.

[61] Li W, Xiong X, Zhou J. Incorporating fuzzy weather-related outages in transmission system reliability assessment [J]. IET Generation, Transmission & Distribution, 2009, 3(1): 26-37.

[62] Liu H, Davidson R A, Rosowsky D V, et al. Negative binomial regression of electric power outages in hurricanes [J]. Journal of Infrastructure Systems, 2005, 11(4): 258-267.

[63] Han S, Guikema S D, Quiring S M, et al. Estimating the spatial distribution of power outages during hurricanes in the Gulf coast region [J]. Reliability Engineering and System Safety, 2009, 94(2): 199-210.

[64] Liu Y, Singh C. A methodology for evaluation of hurricane impact on composite power system reliability [J]. IEEE Transactions on Power Systems, 2011, 26(1): 145-152.

[65] Li G, Zhang P, Peter B. Luh, et al. Risk analysis for distribution systems in the northeast U. S. under wind storms [J]. IEEE Transactions on Power Systems, 2014, 29(2): 889-898.

[66] 段大鹏, 张玉佳, 郭鑫宇, 等. 气象因素对北京电网设备影响的统计规律及时空分布特征[J]. 高压电器, 2013, 49(07): 75-79.

[67] 付桂琴, 曹欣. 雷雨大风与河北电网灾害特征分析[J]. 气象, 2012, 38(3): 353-357.

[68] 方丽华, 熊小伏, 方嵩, 等. 基于电网故障与气象因果关联分析的系统风险控制决策[J]. 电力系统保护与控制, 2014, 42(17): 113-119.

[69] Savory E, Parke G R, Disney P, et al. Wind-induced transmission tower foundation loads: A field study-design code comparison [J]. Journal of Wind Engineering & Industrial Aerodynamics, 2008, 96: 1103-1111.

[70] Hamada A, Damatty A E. Behaviour of guyed transmission line structures under tornado wind loading [J]. Computers & Structures, 2011, 89: 986-1003.

[71] Lin W, Savory E, Mcintyre R P, et al. The response of an overhead electrical power transmission line to two types of wind forcing [J]. Journal of Wind Engineering & Industrial Aerodynamics, 2012, 100: 58-69.

[72] 白海峰, 李宏男. 输电线路杆塔疲劳可靠性研究[J]. 中国电机工程学报, 2008, 28(6): 25-31.

[73] 冯径军, 柳春光, 冯娇. 输电塔线在覆冰与风载下的可靠性分析[J]. 水电能源科学, 2011, 29(10): 203-206.

[74] 姚陈果, 李宇, 周泽宏, 等. 基于极限承载力分析的覆冰输电塔可靠性评估[J]. 高电压技术, 2013, 39(11): 2609-2614.

[75] 韩卫恒, 刘俊勇, 张建明, 等. 冰冻灾害下计入地形及冰厚影响的分时段电网可靠性分析[J]. 电力系统保护与控制, 2010, 38(15): 81-86.

[76] Dan Z, Cheng D, Broadwater R P, et al. Storm modeling for prediction of power distribution system outages[J]. Electric Power Systems Research, 2007, 77(8): 973-979.

[77] Radmer D T, Kuntz P A, Christie R D, et al. Predicting vegetation-related failure rates for overhead distribution feeders [J]. IEEE Transactions on Power Delivery, 2002, 17(4): 1170-1175.

[78] 朱清清, 严正, 贾燕冰, 等. 输电线路运行可靠性预测[J]. 电力系统自动化, 2010, 34(24): 18-22.

[79] 熊小伏, 王尉军, 于洋, 等. 多气象因素组合的输电线路风险分析[J]. 电力系统及其自动化学报, 2011, 23(6): 11-15, 28.

[80] 孙羽, 王秀丽, 王建学, 等. 架空线路冰风荷载风险建模及模糊预测[J]. 中国电机工程学报, 2011, 31(7): 21-28.

[81] 杨洪明, 黄拉, 何纯芳, 等. 冰风暴灾害下输电线路故障概率预测[J]. 电网技术, 2012, 36(4): 213-218.

[82] Yang H, Chung C Y, Zhao J, et al. A Probability Model of Ice Storm Damages to Transmission Facilities [J]. IEEE Transactions on Power Delivery, 2013, 28(2): 557-565.

[83] 宋嘉婧, 郭创新, 张金江, 等. 山火条件下的架空输电线路停运概率模型[J]. 电网技术, 2013, 37(1): 100-105.

[84] 谢云云, 薛禹胜, 文福拴, 等. 冰灾对输电线故障率影响的时空评估[J]. 电力系统自动化, 2013, 37(18): 32-41.

[85] 谢云云, 薛禹胜, 王昊昊, 等. 电网雷击故障概率的时空在线预警[J]. 电力系统自动化, 2013, 37(17): 44-51.

[86] 熊小伏, 方伟阳, 程韧俐, 等. 基于实时雷击信息的输电线强送决策方法[J]. 电力系统保护与控制, 2013, 41(19): 7-11.

[87] 赵芝, 石季英, 袁启海, 等. 输电线路的雷击跳闸概率预测计算新方法[J]. 电力系统自动化, 2015, 39(3): 51-58.

[88] 吴勇军, 薛禹胜, 陆佳政, 等. 山火灾害对电网故障率的时空影响[J]. 电力系统自动化, 2016, 40(3): 14-20.

[89] 李浩然. 基于风光特征多时间分解的新能源并网系统中长期风险评估[D]. 重庆: 重庆大学, 2018.

[90] 颜晓娟, 龚仁喜, 张千锋. 优化遗传算法寻优的 SVM 在短期风速预测中的应用[J]. 电力系统保护与控制, 2016, 44(9): 38-42.

[91] Ren Y, Suganthan P N, Srikanth N. A novel empirical mode decomposition with support vector regression for wind speed forecasting[J]. IEEE Transactions on Neural Networks and Learning, 2016, 27(8): 1793-1798.

[92] Wang S, Zhang N, Wu L, et al. Wind speed forecasting based on the hybrid ensemble empirical mode decomposition and GA-BP neural network method[J]. Renewable Energy, 2016, 94: 629-636.

[93] 史宇伟, 潘学萍. 计及历史气象数据的短期风速预测[J]. 电力自动化设备, 2014, 34(10): 75-80.

[94] 修春波, 任晓, 李艳晴, 等. 基于卡尔曼滤波的风速序列短期预测方法[J]. 电工技术学报, 2014, 29(2): 253-259.

[95] Yunus K, Thiringer T, Chen P. ARIMA-based frequency-decomposed modeling of wind speed time series[J]. IEEE Transactions on Power Systems, 2016, 31(4): 2546-2556.

[96] 王国权, 王森, 刘华勇, 等. 基于自适应的动态三次指数平滑法的风电场风速预测[J]. 电力系统保护与控制, 2014, 42(15): 117-122.

[97] 孙春顺, 王耀南, 李欣然. 小时风速的向量自回归模型及应用[J]. 中国电机工程学报, 2008, 28(14): 112-117.

[98] 陈闽江. 光伏发电系统的蒙特卡罗序贯仿真和可靠性分析[D]. 合肥: 合肥工业大学, 2004.

[99] Moharil R M, Kulkarni P S. Reliability analysis of solar photovoltaic system using hourly mean solar radiation data[J]. Solar Energy, 2010, 84(4): 691-702.

[100] Sen Z. Solar energy in progress and future research trends[J]. Progress in Energy and Combustion Science, 2004, 30(4): 367-416.

[101] 李光明, 刘祖明, 何京鸿, 等. 基于多元线性回归模型的并网光伏发电系统发电量预测研究[J]. 现代电力, 2011, 28(2): 43-48.

[102] 黄洁亭. 不同气象地形条件下风速概率分布模型研究[D]. 北京: 华北电力大学, 2014.

[103] Ozay C, Celiktas M S. Statistical analysis of wind speed using two-parameter Weibull distribution in Alaçatı region[J]. Energy Conversion and Management, 2016, 121: 49-54.

[104] Ouarda T J, Charron C, Chebana F. Review of criteria for the selection of probability distributions for wind speed data and introduction of the moment and L-moment ratio diagram methods, with a case study[J]. Energy Conversion and Management, 2016, 124: 247-265.

[105] Chang T P. Investigation on frequency distribution of global radiation using different probability density functions[J]. International Journal of Applied Science and Engineering, 2010, 8(2): 99-107.

[106] Rahman S, Khallat M A, Salameh Z M. Characterization of insolation data for use in photovoltaic system analysis models[J]. Energy, 1988, 13(1): 63-72.

[107] Karaki S H, Chedid R B, Ramadan R. Probabilistic performance assessment of autonomous solar-wind energy conversion systems[J]. IEEE Transactions on Energy Conversion, 1999, 14(3): 766-772.

[108] Borowy B S, Salameh Z M. Optimum photovoltaic array size for a hybrid wind/PV system[J]. IEEE Transactions on Energy Conversion, 1994, 9(3): 482-488.

[109] 姜文, 严正, 杨建林. 基于解析法的风电场可靠性模型[J]. 电力自动化设备, 2010, 30(10): 79-83.

[110] 祝锦舟, 张焰, 杨增辉, 等. 一种含风电场的发电系统可靠性解析计算方法[J]. 中国电机工程学报, 2017, 37(16): 4671-4679, 4892.

[111] 蒋泽甫, 谢开贵, 胡博, 等. 风力发电系统可靠性评估解析模型[J]. 电力系统保护与控制, 2012, 40(21): 52-57+95.

[112] Zhang P, Wang Y, Xiao W. Reliability evaluation of grid-connected photovoltaic power systems[J]. IEEE Transactions on Sustainable Energy, 2012, 3(3): 379-389.

[113] Park J, Liang W, Choi J, et al. A probabilistic reliability evaluation of a power system including Solar/Photovoltaic cell generator[C] // 2009 IEEE Power Energy Society General Meeting, 2009: 1-6.

[114] 秦志龙, 李文沅, 熊小伏. 考虑风速相关性的发输电系统可靠性评估[J]. 电力系统自动化, 2013, 37(16): 47-52.

[115] 秦志龙, 李文沅, 熊小伏. 含具有风速相关性风电场的发输电系统可靠性评估[J]. 电力系统保护与控制, 2013, 41(20): 27-33.

[116] 张硕, 李庚银, 周明. 含风电场的发输电系统可靠性评估[J]. 中国电机工程学报, 2010, 30(07): 8-14.

[117] 黄海煜, 于文娟. 考虑风电出力概率分布的电力系统可靠性评估[J]. 电网技术, 2013, 37(9): 2585-2591.

[118] 蒋程, 刘文霞, 张建华, 等. 含风电接入的发输电系统风险评估[J]. 电工技术学报, 2014, 29(02): 260-270.

[119] Qin Z, Li W, Xiong X. Generation system reliability evaluation incorporating correlations of wind speeds with different distributions[J]. IEEE Transactions on Power Systems, 2013, 28(1): 551-558.

[120] 张铁, 鲁国起, 张焰, 等. 光伏电站并网对电网可靠性的影响[J]. 华东电力, 2010, 38(5): 700-706.

[121] 汪海瑛, 白晓民, 许婧. 考虑风光储协调运行的可靠性评估[J]. 中国电机工程学报, 2012, 32(13): 13-20.

[122] 赵继超, 袁越, 傅质馨, 等. 基于 Copula 理论的风光互补发电系统可靠性评估[J]. 电力自动化设备, 2013, 33(01): 124-129.

[123] 张世翔, 丁倩. 风光互补发电系统的可靠性分析[J]. 中国电力, 2015, 48(6): 8-13.

[124] 秦志龙. 计及相关性的含风电场和光伏电站电力系统可靠性评估[D]. 重庆: 重庆大学, 2013.

[125] 汪海瑛. 含大规模可再生能源的电力系统可靠性问题研究[D]. 武汉: 华中科技大学, 2012.

[126] Zhen S, Jirutitijaroen P. Latin hypercube sampling techniques for power systems reliability analysis with renewable energy sources[J]. IEEE Trans on Power Systems, 2011, 26(4): 2066-2073.

[127] Jiang X, Chen Y, Domínguez-García A D. A set-theoretic framework to assess the impact of variable generation on the power flow[J]. IEEE Transactions on Power Systems, 2013, 28(2): 855-867.

[128] Saeh I S, Mustafa M W, Mohammed Y S, et al. Static security classification and evaluation classifier design in electric power grid with presence of PV power plants using C-4.5[J]. Renewable and Sustainable Energy Reviews, 2016, 56: 283-290.

[129] Ding T, Bo R, Sun H, et al. A robust two-level coordinated static voltage security region for centrally integrated wind farms[J]. IEEE Transactions on Smart Grid, 2016, 7(1): 460-470.

[130] 朱星阳, 黄宇峰, 张建华, 等. 基于随机潮流的含风电电力系统静态安全评估[J]. 电力系统自动化, 2014, 38(20): 46-53+60.

[131] 蒋平, 杨绍进, 霍雨翀. 考虑风电场出力随机性的电网静态安全分析[J]. 电力系统自动化, 2013, 37(22): 35-40.

[132] 张里, 刘俊勇, 刘友波, 等. 计及风速相关性的电网静态安全风险评估[J]. 电力自动化设备, 2015, 35(04): 84-89.

[133] 朱星阳, 刘文霞, 张建华, 等. 电力系统随机潮流及其安全评估应用研究综述[J]. 电工技术学报, 2013, 28(10): 257-270.

[134] Yao D, Zhang B. Security risk assessment using fast probabilistic power flow considering static power-frequency characteristics of power systems[J]. International Journal of Electrical Power & Energy, 2014, 60: 53-58.

[135] 马小平. 含风电场电力系统概率潮流计算的研究[D]. 兰州: 兰州交通大学, 2014.

[136] 史文丽. 考虑风电接入的电力系统静态安全概率分析[D]. 北京: 华北电力大学, 2014.

[137] 高晓婧. 基于模糊综合评判的输电线路在线监测综合评估[D]. 华北电力大学(北京), 2016.

[138] 周海松, 陈哲, 张健, 等. 应用气象数值预报技术提高输电线路动态载流量能力[J]. 电网技术, 2016, 40(7): 2175-2178.

[139] CIGRE WG B2.36. Guide for application of direct real-time monitoring systems [R]. CIGRE, Paris, 2012.

[140] Clapp A L. Calculation of horizontal displacement of conductors under wind loading toward buildings and other supporting structures[J]. IEEE Trans on Industry Applications, 1994, 30(2): 496-504.

[141] 李黎, 肖林海, 罗先国, 等. 特高压绝缘子串的风偏计算方法[J]. 高电压技术, 2013, 39(12): 2924-2932.

[142] Yan B, Lin X, Luo W, et al. Numerical study on dynamic swing of suspension insulator string in overhead transmission line under wind load [J]. IEEE Transactions on Power Delivery, 2010, 25(1): 248-259.

[143] 黄俊杰, 汪涛, 朱昌成. 220 kV 输电线路风偏跳闸的分析研究[J]. 湖北电力, 2012, 36(2): 65-67.

[144] 肖林海. 特高压悬垂绝缘子串的风偏特性[D]. 武汉: 华中科技大学, 2013.

[145] 刘有胜, 范佩伦. 110kV 线路耐张塔跳线和引流线风偏放电分析[J]. 电网技术, 2007, 31(S1): 227-228.

[146] 金淼. 探讨 220kV 单回干字型铁塔中相绕跳防风偏治理[J]. 电力建设, 2012, (07): 143-144.

[147] 夏莹, 周家启, 熊小伏, 等. 基于短期气象预报的输电设备维修风险分析方法[J]. 电力系统保护与控制, 2010, 38(11): 44-47.

[148] 王瑞祥, 夏莹, 熊小伏. 计及气象因素的输电线路维修风险分析[J]. 电网技术, 2010, 34(01): 219-222.

[149] 束洪春, 胡泽江, 谢一工. 计及隐性损失的输电线路检修计划优化方法[J]. 电力系统自动化, 2008, 32(9): 34-38.

[150] 冯永青. 基于可信性理论的输电网短期线路检修计划[J]. 中国电机工程学报, 2007, 27(4): 65-71.

[151] 陈钢, 刘新苗, 王炳焱, 等. 基于风险的输电线路多目标优化检修[J]. 广东电力, 2012, 25(11): 62-67.

[152] 李磊. 基于气象环境的电力设备状态检修策略研究[D]. 重庆: 重庆大学, 2013.

[153] 丁一汇. 中国气候[M]. 北京: 科学出版社, 2013.

[154] 中国气象局. QX/T 152-2012. 气候季节划分[S]. 北京: 气象出版社, 2012.

[155] 深圳市气象局. 深圳市气候概况[EB/OL]. [2015-03-07]. http://www.szmb.gov.cn/ article/QiHouYeWu/ qihouxinxigongxiang/GaiKuangSiJiTeZheng/.

[156] 熊小伏, 王建, 袁峻, 等. 时空环境相依的电网故障模型及在电网可靠性评估中的应用[J]. 电力系统保护与控制, 2015, 43(15): 28-35.

[157] 王建, 熊小伏, 李哲, 等. 气象环境相关的输电线路故障时间分布特征及模拟[J]. 电力自动化设备, 2016, 36(03): 109-114+123.

[158] 杨振海, 程维虎, 张军舰. 拟合优度检验[M]. 北京: 科学出版社, 2011.

[159] 金星, 洪延姬, 沈怀荣, 等. 工程系统可靠性数值分析方法[M]. 北京: 国防工业出版社, 2002.

[160] Edimu M, Gaunt C T, Herman R. Using probability distribution functions in reliability analyses[J]. Electric Power Systems Research, 2011, 81(4): 915-921.

[161] Kim J S, Kim T Y, Sun H. An algorithm for repairable item inventory system with depot spares and general repair time distribution [J]. Applied Mathematical Modeling, 2007, 31(5): 795-804.

[162] 宁辽逸, 吴文传, 张伯明. 一种适用于运行风险评估的元件修复时间概率分布[J]. 中国电机工程学报, 2009, 29(16): 15-20.

[163] 何剑, 程林, 孙元章, 等. 条件相依的输变电设备短期可靠性模型[J]. 中国电机工程学报, 2009, 29(7): 39-46.

[164] 孙元章, 程林, 何剑. 电力系统运行可靠性理论[M]. 北京: 清华大学出版社, 2012.

[165] 帅海燕, 龚庆武, 陈道君. 计及污闪概率的输电线路运行风险评估理论与指标体系[J]. 中国电机工程学报, 2011, 31(16): 48-54.

[166] 王建, 熊小伏, 梁允, 等. 地理气象相关的输电线路风险差异评价方法及指标[J]. 中国电机工程学报, 2016, 36(05): 1252-1259.

[167] 孙即祥. 现代模式识别[M]. 2版. 北京: 高等教育出版社, 2008.

[168] Billinton R, Li W. Reliability Assessment of Electric Power Systems Using Monte Carlo Methods[M]. New York: Plenue Press, 1994

[169] 王清印, 王峰松, 左其亭, 等. 灰色数学基础[M]. 武汉: 华中理工大学出版社, 1996.

[170] Yi L, Sifeng L. A historical introduction to grey systems theory [C] //IEEE International Conference on Systems Man and Cybernetics, 2004, Hague: 2403-2408.

[171] 吴丹, 程浩忠, 奚珣, 等. 基于模糊层次分析法的年最大电力负荷预测[J]. 电力系统及其自动化学报, 2007, 19(1): 55-58.

[172] 卜广志, 张宇文. 基于灰色模糊关系的灰色模糊综合评判[J]. 系统工程理论与实践, 2002, 22(4): 141-144.

[173] 杨纶标, 高英仪. 模糊数学原理及应用[M]. 广州: 华南理工大学出版社, 2005

[174] 熊兰, 刘钰, 林荫宇, 等. 模糊变权法在绝缘子状态综合评判中的应用[J]. 电力系统及其自动化学报, 2010, 22(1): 96-100.

[175] 李欣然, 彭国荣, 朱湘有, 等. 地区配电网建设规模的模糊综合评估方法[J]. 电力系统及其自动化学报, 2008, 20(6): 70-77.

[176] 谭跃进, 陈英武, 易进先. 系统工程原理[M]. 长沙: 国防科技大学出版社, 1999.

[177] 熊小伏, 恭秀芬, 王燕祥. 输电网可靠性评估中基于气象因素的处理方法[J]. 电力系统保护与控制, 2013, 41(11): 32-37.

[178] 周宁, 熊小伏. 电力气象技术及应用[M]. 北京: 中国电力出版社, 2015.

[179] Li W Y. Risk Assessment of Power Systems: Models, Methods, and Applications[M]. USA and Canada: IEEE Press and Wiley & Sons, 2005.

[180] Wang J, Xiong X, Zhou N, et al. Time-varying failure rate simulation model of transmission lines and its application in power system risk assessment considering seasonal alternating meteorological disasters[J]. IET Generation, Transmission & Distribution, 2016, 10(7): 1582-1588.

[181] Billinton R, Li W. Reliability Assessment of Electrical Power Systems Using Monte Carlo Methods[M]. New York, USA: Plenum Press, 1994.

[182] The Global Wind Energy Council (GWEC). Global Wind Report 2016-Annual market update. [EB/OL]. [2016-12-2]. http://gwec.net/publications/global-wind-report-2/global-wind-report-2016.

[183] 付兵彬, 万小花, 熊小伏, 等. 基于风速时间周期特征的风电并网系统风险评估方法[J]. 电力系统保护与控制, 2018, 46(19): 43-50.

[184] Wang J, Xiong X, Li H, et al. Time-Periodic Model of Wind Speed and Its Application in Risk Evaluation of Wind-Power-Integrated Power Systems[J] IET Generation, Transmission & Distribution, 2019, 13(1):46-54.

[185] 杨虎, 刘琼荪, 钟波. 数理统计[M]. 北京: 高等教育出版社, 2004.

[186] Reliability Test System Task Force of the Application of Probability Methods Subcommittee. IEEE reliability test system [J]. IEEE Trans on Power Apparatus and Systems, 1979, 98(6): 2047-2054.

[187] 王艳玲, 严志杰, 梁立凯, 等. 气象数据驱动的架空线路载流动态定值分析[J]. 电网技术, 2018, 42(1): 315-321.

[188] IEEE Power and Energy Society, IEEE Std 738-2012. IEEE Standard for Calculating the Current-Temperature Relationship of Bare Overhead Conductors [S]. New York: IEEE, 2012.

[189] CIGRE WG B2.43. Guide for Thermal Rating Calculation of Overhead Lines [R]. Paris, France: CIGRE, 2014.

[190] 王建, 熊小伏, 陈璟, 等. 振荡电流作用下的架空线路温升响应计算[J]. 电网技术, 2018, 42(08): 2416-2422.

[191] 丁尧, 熊小伏, 陈强. 连续高温天气下架空线路动态载流能力评估与运行温度安全告警[J]. 智能电网, 2018, 8(5): 419-431.

[192] 薛纪善, 陈德辉. 数值预报系统 GRAPES 的科学设计与应用[M]. 北京: 科学出版社, 2008.

[193] 李泽椿, 毕宝贵, 金荣花, 等. 近 10 年中国现代天气预报的发展与应用[J]. 气象学报, 2014, 72(6): 1069-1078.

[194] Alberdi R, Fernandez E, Albizu I, et al. Statistical methods and weather prediction for ampacity forecasting in smart grids[C]// Power Africa, 2016 IEEE PES. IEEE, 2016: 21-25.

[195] 闫之辉, 邓莲堂. WRF 模式中的微物理过程及其预报对比试验[J]. 沙漠与绿洲气象, 2007, (6): 1-6.

[196] 丁尧. 时变气象环境下架空线路动态载流裕度评估与运行风险预警方法[D]. 重庆: 重庆大学, 2018.

[197] 袁晓丹, 张会强. 多支路开断潮流转移识别及防连锁过载策略研究[J]. 现代电力, 2014, 31(05): 74-79.

[198] 杨文辉, 毕天姝, 薛安成, 等. 潮流转移区域后备保护动作特性自适应调整策略[J]. 电力系统自动化, 2011, 35(18): 1-6.

[199] 董新洲, 丁磊, 刘琨, 等. 基于本地信息的系统保护[J]. 中国电机工程学报, 2010, 30(22): 7-13.

[200] Tasdighi M, Kezunovic M. Automated Review of Distance Relay Settings Adequacy After the Network Topology Changes [J]. IEEE Transactions on Power Delivery, 2016, 31(4): 1873-1881.

[201] 李百挡. 提高输电线路导线悬挂高度对风偏放电的影响[D]. 湖南: 长沙理工大学, 2008.

[202] 韩东明. 浅析河北南部电网存在的主要问题及对策[J]. 河北电力技术, 2003, 22(3): 1-4

[203] 张恒旭, 刘玉田. 极端冰雪灾害对电力系统运行影响的综合评估[J]. 中国电机工程学报, 2011, 31(10): 52-58.

[204] Xiong X, Weng S, Wang J. An online early-warning method for wind swing discharge of the conductor toward the tangent tower and jumper toward the strain tower[J]. IEEE Transactions on Power Delivery, 2015, 30(1): 114-121.

[205] 中华人民共和国住房和城乡建设部. GB/T 50009-2012. 建筑结构荷载规范[S]. 北京: 中国建筑工业出版社, 2012.

[206] 翁世杰. 架空输电线路大风灾害预警方法研究[D]. 重庆: 重庆大学, 2015.

[207] 孙永成, 沈辉. 超高压输电线路风偏故障及防范措施分析[J]. 电力科技, 2014(30): 186.

[208] 张殿生. 电力工程高压送电线路设计手册 [M]. 2版. 北京: 中国电力出版社, 2003.

[209] 熊小伏, 翁世杰, 王建, 等. 考虑降雨修正的干字型耐张塔跳线风偏放电在线预警方法[J]. 电力系统保护与控制, 2015, 43(05): 136-143.

[210] 耿翠英, 陈守聚, 刘莘昱, 等. 降雨对空气间隙工频闪络电压影响的试验研究[J]. 高压电器, 2009, 45(01): 36-39.

[211] 耿翠英, 魏丹, 何熹. 浅谈降雨对工频闪络电压的影响[J]. 高压电器, 2010, 46(01): 103-108.

[212] 刘洋, 周家启. 计及气候因素的大电力系统可靠性评估[J]. 电力自动化设备, 2003, 23(9): 60-62.

[213] 杜珣. 基于检修方式的电网可靠性评估研究[D]. 北京: 华北电力大学, 2012.

[214] Bertling L, Allan R, Eriksson R. A reliability-centered asset maintenance method for assessing the impact of maintenance in power distribution systems[J]. IEEE Transactions on Power Systems, 2005, 20(1): 75-82.

[215] 屈靖, 郭剑波. "九五"期间我国电网事故统计分析[J]. 电网技术, 2004, 28(27): 60-62+68.

[216] 林灵兵, 刘宪林, 韩源. 供电设备检修计划优化模型和算法[J]. 电力自动化设备, 2012, 32(8): 91-94.

[217] 黄弦超, 张粒子, 舒隽, 等. 配电网检修计划优化模型[J]. 电力系统自动化, 2007, 31(1): 33-37.

[218] 杨良军, 熊小伏, 张媛. 基于灰色关联度和理想解法的电力设备状态维修策略[J]. 电力系统保护与控制, 2009, 37(18): 74-78.

[219] 许旭锋, 黄民翔, 王婷婷, 等. 复杂配电网的短期检修计划优化[J]. 浙江大学学报(工学版), 2010, 44(3): 510-515.

[220] 郭丽娟, 鲁宗相, 邓雨荣. 基于风险的输变电设备状态检修实用化技术研究[J]. 高压电器, 2013, 49(01): 81-86+91.

[221] 刘宗兵, 熊小伏, 李磊. 基于可靠性维修(RCM)的开关设备维修决策支持平台研究[J]. 高压电器, 2013, 49(9): 44-48.

[222] 武星, 游一民, 成勇, 等. 高压开关设备可靠性评价指标及计算方法探究[J]. 高压电器, 2012, 48(5): 93-98.

[223] Li F, Richard E, Brown. A cost-effective approach of prioritizing distribution maintenance based on system reliability[J]. IEEE Transactions on Power Delivery, 2004, 19(1): 439-441.

[224] 郇嘉嘉. 电网设备状态检修策略的研究[D]. 广州: 华南理工大学, 2012.

[225] 何永秀, 朱茳, 罗涛, 等. 城市电网规划自然灾害风险评价研究[J]. 电工技术学报, 2011, 26(12): 205-210.

[226] 郭永基. 电力系统可靠性分析[M]. 北京: 清华大学出版社, 2003.

[227] 熊小伏, 李磊, 方丽华, 等. 基于可靠性和气象因素的配电网短期维修决策方法[J]. 电力系统保护与控制, 2013, 41(20): 61-66.

[228] 李典纹, 郭德平, 沈智健, 等. 多因素约束的配电设备短期检修计划优化模型[J]. 高压电器, 2014, 50(11): 38-44.

[229] 束洪春. 电力系统以可靠性为中心的维修[M]. 北京: 机械工业出版社, 2008.

[230] Billinton R, Jonnavithula S. A test system for teaching overall power system reliability assessment[J]. IEEE Transaction on Power Systems. 1996, 11(4): 1670-1676.